高等职业教育新形态教材

YIQI FENXI JISHU

仪器分析技术

主　编　马彩梅　薛　斌　蔡金燕
副主编　刘婷婷　蔡银萍　颜雪琴
编　者　李江兵　金　华

天津出版传媒集团
天津教育出版社
TIANJIN EDUCATION PRESS

图书在版编目（CIP）数据

仪器分析技术 / 马彩梅，薛斌，蔡金燕主编. -- 天津 : 天津教育出版社，2024.6
ISBN 978-7-5309-9082-7

Ⅰ. ①仪… Ⅱ. ①马… ②薛… ③蔡… Ⅲ. ①仪器分析－高等职业教育－教材 Ⅳ. ①O657

中国国家版本馆CIP数据核字(2024)第111379号

仪器分析技术
YIQI FENXI JISHU

出 版 人	黄 沛
主　　编	马彩梅　薛　斌　蔡金燕
责任编辑	尹福友
装帧设计	明轩文化 TEL:23674746 · 李晶晶
出版发行	天津出版传媒集团 天津教育出版社 天津市和平区西康路35号　邮政编码　300051 http://www.tjeph.com.cn
经　　销	新华书店
印　　刷	天津市天办行通数码印刷有限公司
版　　次	2024年6月第1版
印　　次	2024年6月第1次印刷
规　　格	16开（787毫米×1092毫米）
字　　数	290千字
印　　张	15.25
定　　价	49.00元

内容简介

INTRODUCTION

《仪器分析技术》立足岗位操作要求和仪器分析技术发展趋势，按照工作过程系统化的编写理念，从教学需要出发，依据测定项目相关（国家）标准，围绕“真实、准确、安全、全面”，按照“原理学习→仪器认知→规范操作→岗位实践”的逻辑模式，以“任务闯关，能力进阶”为编写思路，坚持以学生为中心，以培养学生综合职业能力为目标，以企业岗位的典型工作任务为载体进行开发设计项目，通过教材引领，构建深度学习管理体系。

《仪器分析技术》内容源于现场操作案例采集和作业流程，依托具体测定项目，从任务描述、学习目标、获取信息、任务解析、工作计划、进行决策、任务实施、评价反馈、能力拓展等方面实施任务，结构合理紧凑，通俗易懂，符合认知规律。教材中辅以微课、动画、文本等内容，通过二维码呈现，打造线上线下混合式教学生态，构建“岗课赛证”一体化的活页式教材实训体系。

本书围绕各检测项目的国家标准进行编写，严格规范操作过程及知识体系的描述，突出理论实践一体化教学。结合企业生产实际，力求培养能与企业直接对接的高素质技术技能型人才。全书共分 5 个检测项目，内容包括紫外-可见分光光度法、原子吸收分光光度法、电位分析法、气相色谱法和液相色谱法。

本书适合高职高专类院校应用化工技术、环境监测、煤化工生产技术、石油化工生产技术、工业分析与检验、食品检验检测技术、食品质量与安全、食品智能加工技术等专业作为教材使用，也可作为职业技能培训基本操作训练用书。

前言

PREFACE

教材作为人才培养的载体，是教育质量保障的基本要素。《国家职业教育改革实施方案》（以下简称“职教20条”）为新时代职业院校教材建设指明了方向，基于“三教”改革推进新形态教材建设，成为提高技术技能人才培养质量的重要抓手。为贯彻落实“职教20条”，教育部等九部门联合印发《职业教育提质培优行动计划（2020—2023年）》，对教材建设提出要根据职业学校学生特点创新教材形态，推行科学严谨、深入浅出、图文并茂、形式多样的活页式、工作手册式、融媒体教材。

有鉴于此，《仪器分析技术》教材编写团队在长期教学和多年参加全国教学能力比赛丰富经验的基础上，以立德树人为根本任务，坚持育人导向，在教材内容和组织逻辑上的灵活创新，采用“项目—任务”结构，以典型工作任务为载体，通过典型工作任务和工作过程创建项目，构建形成一系列模块化的任务体系，帮助学生实现专业知识和技能的正向迁移，并在此基础上增加教材的信息化特征，将与课程配套的相关信息化资源嵌入活页式教材中，形成传统纸媒与新媒体有机融合、书课互嵌的新形态一体化教材，最大限度发挥不同媒体的优势，形成互补效应，优化教学模式，服务教学过程，满足职业教育信息化和个性化的教学需求，打造书课一体化的混合式活页教材，更好推动“三教”改革。

《仪器分析技术》是一门典型的理实一体化课程，依托5个典型工作任务的检测项目，分别涵盖紫外-可见分光光度法、原子吸收分光光度法、电位分析法、气相色谱法和液相色谱法，适配以能力为本位的职业教育理念，形成以下特色：

1. 项目选择符合学生职业发展的需要，不仅从学习目标上强化价值引领，把好意识形态关，还融入技术技能知识，做到知识传授与价值引领相结合、专业技能与实训实践相结合，帮助学生树立正确的人生观、价值观和职业观。

2. 教材内容的遴选和编排以工作任务为导向，梳理提炼典型的工作任务并精心改编，结合培养目标，制订任务案例、任务实施、评价反馈等，主动与国家标准接轨，引导学生开展有目的的学习，通过企业化的学习情境和实战化的学习内容培养学生的职业能力和可持续发展能力。

3. 教材编写团队混编组合，以教学一线骨干教师为基础，加入校外教授、行业企业专家，组成有丰富教学经验和企业实践经验的优质团队，以科学严谨的工作态度和职业精神，确保教材内容的典型性、先进性和可操作性。

4. 教材设计体现活页形式，具有可拆解和可组合的特性，按工作过程和岗位能力要求把学习内容从易到难、由零到整进行排序和结合，符合职业院校学生认知特点和职业能力成长逻辑，教材内页可随学习过程和教学需求随时取用。

本书由新疆石河子职业技术学院马彩梅、薛斌、蔡金燕担任主编，新疆石河子职业技术学院刘婷婷和颜雪琴，滨州职业学院蔡银萍担任副主编，石河子大学李江兵、新疆天业集团金华参与本书编写。马彩梅负责教材策划、内容编排和统稿，蔡金燕编写项目一，颜雪琴编写项目二，薛斌编写项目三，刘婷婷编写项目四，蔡银萍编写项目五，李江兵、金华负责整本书的标准和合规审查。本书在编写过程中得到了合作院校专业教师的大力支持以及许多宝贵的建议，在此一并表示感谢。

由于作者水平有限，书中难免有不妥之处，恳请读者批评指正。

编　者

2023 年 10 月

目 录

CONTENTS

项目一 紫外-可见分光光度法测定水中总磷的含量

项目二 原子吸收分光光度法测定水中铜离子含量

项目三 电位分析法测定水中氟离子含量

项目四 气相色谱法测定工业乙酸乙酯的含量

项目五 高效液相色谱法测定水中苯并［a］芘的含量

项目一　紫外-可见分光光度法测定水中总磷的含量

学习任务

某检测公司要对某地表水中总磷进行测定，监测地表水中总磷含量是否超标。通过查阅 GB 3838—2002《地表水环境质量标准》得知，地表水中总磷的测定方法采用 GB 11893—89《水质　总磷的测定　钼酸铵分光光度法》。通过掌握紫外-可见分光光度计的原理，认识光度计结构，学会使用分光光度计测定水中总磷的含量，根据地表水环境质量标准基本项目标准限值评定地表水中总磷含量是否符合标准。

任务一　紫外-可见分光光度法测定水中总磷的原理

任务描述

根据学习任务，测定地表水中总磷的含量，查阅 GB 11893—89《水质　总磷的测定　钼酸铵分光光度法》，明确测定方法，理解紫外-可见分光光度法的基本原理。

学习目标

1. 知识目标

（1）了解光的基本特性；

（2）认识紫外-可见吸收光谱；

（3）掌握钼酸铵分光光度法测定水中总磷含量的原理；

（4）理解光吸收定律——朗伯-比尔定律。

2. 能力目标

（1）能准确判断不同颜色的可见光波长及其对应的互补光；

（2）能根据吸收光谱进行定性分析和粗略定量分析；

（3）能准确判断总磷溶液的吸光度与溶液的浓度和液层厚度直接的关系。

3. 素养目标

（1）了解总磷危害，提高环保意识；

（2）认真解读国标，强化规范意识。

获取信息

一、光谱分析法及分类

当物质与辐射能作用时，物质内部发生能级之间的跃迁；记录由能级跃迁所产生的辐射能强度随波长（或相应单位）的变化，所得的图谱称为光谱。利用物质的光谱进行定性、定量和结构分析的方法称为光谱分析法，简称光谱法。光谱分析法的分类如图 1–1。

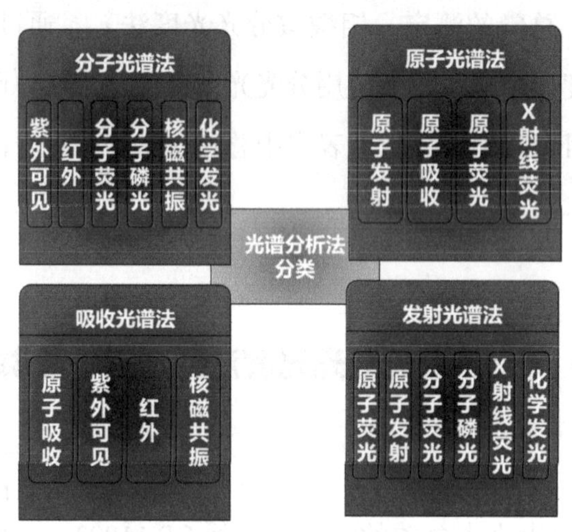

图 1-1　光谱分析法的分类

二、认识紫外-可见分光光度法

紫外-可见分光光度法是在 190~800 nm 波长范围内测定物质的吸光度，用于鉴别、杂质检查和定量测定的方法。当光穿过被测物质溶液时，物质对光的吸收程度随光的波长不同而变化。因此，通过测定物质在不同波长处的吸光度，并绘制其吸光度与波长的关系图即得被测物质的吸收光谱。从吸收光谱中，可以确定最大吸收波长 λ_{max} 和最小吸收波长 λ_{min}。物质的吸收光谱具有与其结构相关的特征性。因此，可以通过特定波长范围内样品的光谱与对照光谱或对照品光谱的比较，或通过确定最大吸收波长，或通过测量两个特定波长处的吸收比值而鉴别物质。用于定量时，在最大吸收波长处测量一定浓度样品溶液的吸光度，并与一定浓度的对照溶液的吸光度进行比较或采用吸收系数法求出样品溶液的浓度。

三、认识电磁波谱

电磁波是在空间传播着的交变电磁场，无线电波、红外线、可见光、紫外线、X 射线、γ 射线都是电磁波。将这些电磁波按照波长或频率、波数、能量的大小顺序进行排列，就形成了电磁波谱 + 电磁波谱。依照波长的长短、频率以及波源的不同，电磁波谱可大致分为：无线电波、微波、红外线、可见光、紫外线、X 射线和 γ 射线，电磁波谱如图 1–2。而本项目将要学习的就是可见光、紫外线。

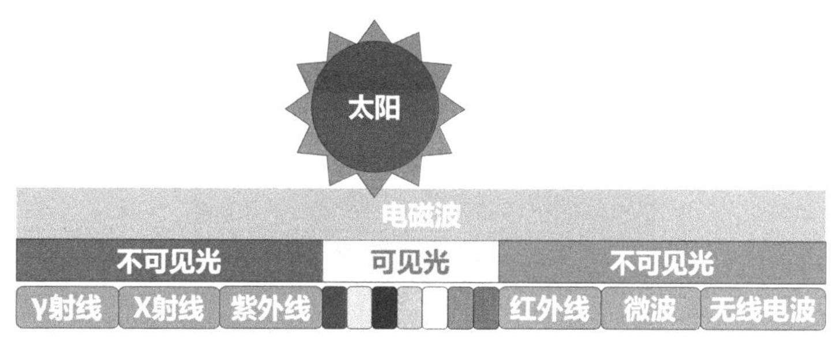

图 1-2　电磁波谱

任务解析

紫外-可见分光光度法是根据物质的吸收光谱和光的吸收定律，对物质进行定性、定量分析的一种仪器分析方法。该法具有较高的灵敏度和准确度，仪器设备简单，操作方法简便，在化工、医药、环境监测等领域应用广泛。

一、光的基本特性

1. 光的波动性

光的折射、衍射、干涉等现象说明光具有波动性。光是一种电磁波，可以用周期 T（秒，s）、频率 ν（赫兹，Hz）、波长 λ（m，cm，μm，nm）和波数 σ（cm^{-1}）等参数描述。它们之间的关系为

$$\nu = \frac{1}{T} = \frac{c}{\lambda} \tag{1-1}$$

$$\sigma = \frac{1}{\lambda} = \frac{\nu}{c} \tag{1-2}$$

2. 光的粒子性

光电效应的产生说明光具有粒子性。光是由光量子组成的，光量子具有能量，其能量与光的频率或波长有关，其关系为

$$E = h\nu = h\cdot\frac{c}{\lambda} \tag{1-3}$$

3. 光的种类

（1）可见光：肉眼能感觉到颜色的光称为可见光（400~780 nm）；

（2）不可见光：肉眼不能感觉到颜色的光称为不可见光。如红外光、紫外光等；

（3）单色光：具有同一波长（或频率）的光，可用于分光光度分析；

（4）复合光：含有多种波长的光称为复合光；

（5）互补光：将两种适当的不同颜色的光按一定强度比例混合可得到白光，这两种颜色的光称为互补光。表 1–1 为不同颜色的可见光波长及其对应的互补色光的关系。

表 1-1　不同颜色的可见光波长及其互补光的关系

λ/nm	颜色	互补光
400~450	紫	黄绿
450~480	蓝	黄
480~490	绿蓝	橙
490~500	蓝绿	红
500~560	绿	红紫
560~580	黄绿	紫
580~610	黄	蓝
610~650	橙	绿蓝
650~760	红	蓝绿

二、光与物质的作用

1. 物质颜色的产生

当一束白光照射到固体物质时，物质对于不同波长的光的吸收、反射、折射程度不同，从而使得物质产生不同的颜色。如果物质对光全部吸收，则物质呈黑色。如果物质对光完全反射，则物质呈白色。如果物质选择性吸收了某些波长的光，则物质呈现其所吸收光的互补色。

2. 光吸收曲线

用连续波长的光按照波长大小顺序分别照射物质分子，测定物质分子对不同波长的光的吸收程度（用吸光度 A 表示）。以波长 λ 为横坐标，以吸光度 A 为纵坐标，得到吸光度随波长变化的关系曲线，称为光吸收曲线，也叫做吸收光谱。

3. 光吸收曲线的特点及作用

图 1–3 为三种不同浓度 $KMnO_4$ 溶液的吸收曲线，由图可知：

同一种物质对不同波长光的吸光度不同，吸光度最大处对应的波长称为最大吸收波长，用符号 λ_{max} 或 $\lambda_{最大}$表示。物质在 λ_{max} 处吸光度最大，测定的灵敏度最高。因此，λ_{max} 常作为物质的测量波长，即吸收曲线是选择入射光波长的重要依据。

不同浓度的同一溶液，吸收曲线的形状相似，λ_{max} 不变。且在同一波长处，吸光度与浓度成正比，此关系可用于分光光度法的定量分析。

图 1–4 为 $K_2Cr_2O_7$ 溶液的吸收曲线，由图可知，不同物质吸收曲线的特性不同。包括峰的形状、强度、数目及位置等。所以，吸收曲线是分光光度法定性分析的依据。

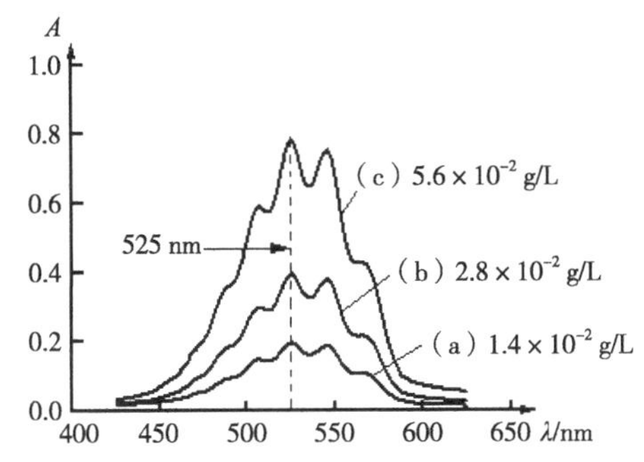

图 1-3　三种不同浓度 $KMnO_4$ 溶液的吸收曲线

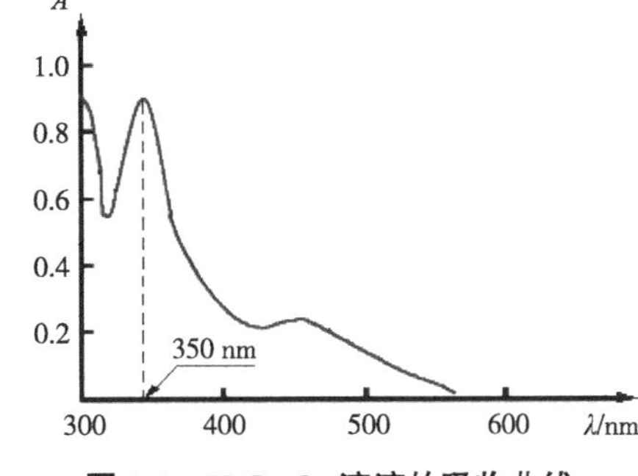

图 1-4　$K_2Cr_2O_7$ 溶液的吸收曲线

三、光吸收定律——朗伯-比尔定律

1. 透射率和吸光度

当一束强度为 I_0 的平行单色光通过一均匀、非散射和反射的吸收介质时，由于吸光物质与光量子的作用，一部分光量子被吸收，一部分光子透过介质。设透过的光的强度为 I_t，则 I_t 与入射光强度 I_0 之比定义为透射率，用 T 表示为

$$T=I_t/I_0,$$

T 的取值范围为 0.00%~100.0%。T 愈大，物质对光的吸收愈少；T 愈小，物质对光的吸收愈多。T=0.00% 表示光全部被吸收；T=100.0% 表示光全部透过。

物质对光的吸收程度可用吸光度 A 表示，吸光度与光强度、透射率之间的关系为

$$A=-\lg T=\lg I_0/I_t$$

A 的取值范围为 0.00~∞。A 愈小，物质对光的吸收愈少；A 愈大，物质对光的吸收愈多。A=0.00 表示光全部透过；$A\to\infty$ 表示光全部被吸收。

2. 朗伯-比尔定律

（1）朗伯定律：当一束平行光照射到一固定浓度的溶液时，其吸光度与光通过的液层厚度成正比，即

$$A=k_1b$$

式中：b 为液层厚度，k_1 为比例系数。

（2）比尔定律：当一束平行光通过不同浓度的同一溶液，若液层厚度一定，则吸光度与溶液浓度成正比，即

$$A=k_2c$$

式中：c 为溶液浓度，k_2 为比例系数。

（3）朗伯-比尔定律：当一束平行单色光垂直通过溶液时，溶液对光的吸收程度与溶液浓度和液层厚度的乘积成正比，即

$$A=Kbc$$

式中：K 为比例常数，与溶液性质、温度和入射光波长有关。

进行决策

引导问题 1. 钼酸铵分光光度法测定总磷的波长是多少？该波长的光是什么颜色？其互补色是什么？

引导问题 2. 为什么要测定水中的总磷含量？

引导问题 3. 测定水中总磷含量的方法有哪些？

引导问题 4. 查阅相关资料，掌握基本名词。

名词	概念
朗伯定律	
比尔定律	
朗伯-比尔定律	
吸光度	

引导问题 5. 物质颜色是怎么产生的？

引导问题 6. 光吸收曲线是如何建立的？

引导问题 7. 人眼能感觉到的光称为可见光，其波长范围是（　　）。

A.400~780 nm　　B.400~780 nm　　C.200~600 nm　　D.200~780 nm

引导问题 8.（　　）为互补色。

A. 黄与蓝　　B. 红与绿　　C. 橙与青　　D. 紫与青蓝

引导问题 9. 同一种物质在同一波长处，溶液的吸光度随溶液浓度的增加而（　　）。

A. 增大　　B. 减小　　C. 不变　　D. 无直接关系

引导问题 10. 请判断：不同浓度的同一溶液的吸收曲线形状相似。（　　）

任务实施

填写任务单

（1）溶液颜色与波长的关系

项目名称	紫外-可见分光光度法测定水中总磷的含量				项目依据或标准来源		GB 11893—89		
任务名称	溶液颜色与波长的关系								
任务内容	验证不同波长范围对应的光的颜色，将波长调节至相应范围，观察光的颜色，填入下表								
完成情况									
波长与光的颜色的关系									
波长范围 / nm	400~450	450~480	480~490	490~500	500~560	560~580	580~610	610~650	650~780
颜色									
说明									
接单时间			完成时间			接单人			

（2）朗伯-比尔定律验证

项目名称	紫外-可见分光光度法测定水中总磷的含量				项目依据或标准来源			
任务名称	朗伯-比尔定律验证							
任务内容	1. 总磷溶液的浓度与吸光度之间的关系 2. 溶液光程长度与吸光度之间的关系							
完成情况								
总磷溶液的浓度与波长的关系								
溶液浓度 /μg · mL^{-1}								
吸光度值								
溶液光程长度与吸光度的关系								
光程长度 /cm	1	2	3	4	5			
吸光度值								
说明								
接单时间		完成时间		接单人				

注：第二表“项目依据或标准来源”对应 GB 11893—89。

评价反馈

1. 学习总结（收获、感受、注意事项）

2. 学习评价

序号	评价方式	赋分权重	得分小计
1	学生自评	20%	
2	学生互评	20%	
3	教师评价	60%	
得分合计			

能力拓展

朗伯-比尔定律的偏离现象

1852年，比尔（Beer）参考了布给尔（Bouguer）在1729年和朗伯（Lambert）在1760年所发表的文章，提出了分光光度的基本定律，即液层厚度相等时，颜色的强度与呈色溶液的浓度成比例，从而奠定了分光光度法的理论基础，这就是著名的朗伯-比尔定律。

朗伯-比尔定律是适用于均匀、非散射的溶液的一般规律，如果被测试液不均匀，是胶体溶液、乳浊液或悬浮液，则入射光通过溶液后，除了一部分被试液吸收，还会有反射、散射使光损失，导致透光率减小，使透射比减小，使实际测量吸光度增大，使标准曲线偏离直线向吸光度轴弯曲，造成对朗伯-比尔定律的偏离。

朗伯-比尔定律的应用必须满足三个条件：

（1）入射光必须为单色光。

（2）被测样品必须是均匀介质。

（3）在吸收过程中，吸收物质之间不能发生作用。

满足以上条件时，溶液的浓度与吸光度之间的线性关系为一条直线。但在实际工作中，吸光度与溶液的浓度之间的线性关系常常发生偏离，如图1-5，这就是对朗伯-比尔定律的偏离。

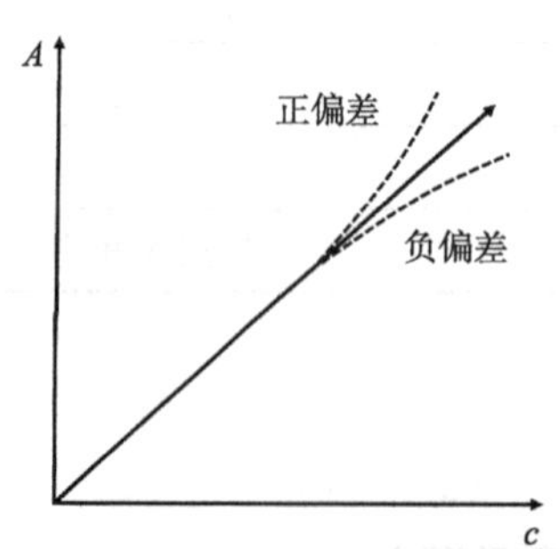

图1-5 对朗伯-比尔定律的偏离示意图

影响朗伯-比尔定律发生偏离的因素有以下几个方面：

1. 朗伯-比尔定律具有局限性

适用于浓度不高的溶液。当溶液浓度过高时，吸光粒子间的平均距离会缩小，相邻粒子间电荷会相互影响，从而改变粒子的吸光能力，导致朗伯-比尔定律偏移，所以朗伯-比尔定律只适用于稀溶液。

2. 非单色入射光引起的偏离

仪器因素。如分光不彻底，致使照射到溶液中的单色光不纯，引起偏离。单色光的纯度越差，吸光物质的浓度越高，偏离朗伯-比尔定律的程度越严重。

3. 溶液本身发生化学变化引起的偏离

溶液中的吸光物质因解离、缔合或者互变异构等作用形成了新的化合物，改变了吸光物质的浓度，改变了吸光度，从而导致朗伯-比尔定律的偏离。

顾名思义，精益求精，是指一件产品或一种工作，本来做得很好了、很不错了，但还不满足，还要做得更好，达到极致。一生只做一件事，一生只做好一件事，便能令无数人为之动容。这是一种品质，更是一种精神。与其在面对诸多事时三心二意，不如心无旁骛做好一件事。用心去做每一件事，把每一件事都做到最好，便能使世界更美丽。

任务二　紫外-可见分光光度法测定水中总磷的仪器认知

任务描述

根据学习任务，测定地表水中总磷的含量，查阅 GB 11893—89《水质　总磷的测定　钼酸铵分光光度法》，明确测定仪器，掌握紫外-可见分光光度计的结构。

学习目标

1. 知识目标

（1）认识紫外-可见分光光度计；

（2）了解紫外-可见分光光度计的组成；

（3）理解分光光度计各部件的原理和结构；

（4）熟记紫外-可见分光光度计的使用步骤。

2. 能力目标

（1）能分辨紫外、可见和紫外-分光可见分光光度计；

（2）能分辨紫外和可见光源；

（3）能熟练使用紫外-可见分光光度计测定溶液的吸光度。

3. 素养目标

（1）了解仪器发展史，强调爱国意识和科学探究精神；

（2）准确操作紫外-可见分光光度计，强化规范意识。

获取信息

分光光度计的类型很多，按所用光的波长范围分为可见分光光度计、紫外-可见分光光度计、紫外分光光度计、红外分光光度计等。就其结构来讲，都是由光源、分光系统（单色器）、吸收池（比色皿）、检测器和信号显示系统所组成（如图 1-6）。根据 GB11893—89，《水质 总磷的测定 钼酸铵分光光度法》用到的测定仪器是紫外-可见分光光度计，是根据物质的吸收光谱和光的吸收定律，对物质进行定性、定量分析的一种仪器分析方法。该法具有较高的灵敏度和准确度，仪器设备简单，操作方法简便，在化工、医药、环境监测等领域应用广泛。

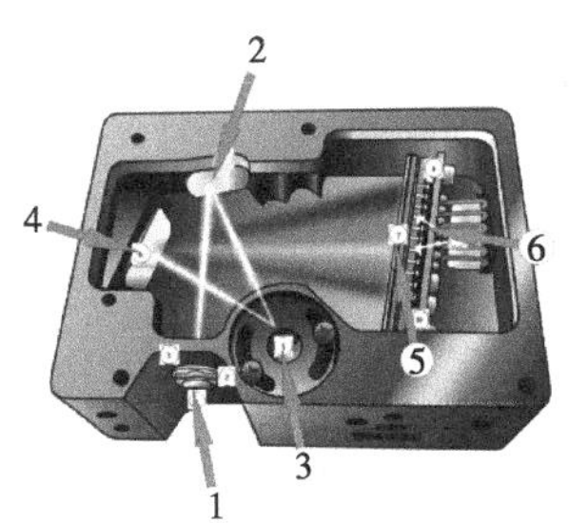

图 1-6　分光光度计结构图

任务解析

一、紫外-可见分光光度计基本结构及原理

1. 分光光度计结构

紫外-可见分光光度计主要由五个部分组成，分别是光源、单色器、吸收池、检测器、信号处理及显示系统（如图 1–7）。

图 1-7　紫外-可见分光光度计结构

2. 分光光度计原理

光源发出的光经过单色器色散为单色光，单色光照射在溶液上，被溶液选择性吸收，未被吸收的光进入检测器，经光电倍增管后，将光信号转化为电信号，经放大器输出，由显示器显示结果（如图 1–8）。

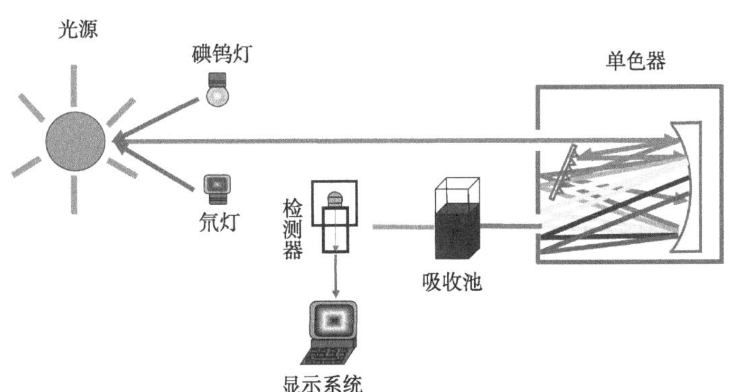

图 1-8　紫外-可见分光光度计工作原理及仪器结构图

二、紫外-可见分光光度计主要组成原件

1. 光源

光源的作用是提供激发所需的能量，使溶液中的待测分子吸收光源发出的光。光源需满足以下几个要求：

（1）能提供足够强度的连续光谱；

（2）有良好的稳定性；

（3）光强度随波长无明显变化；

（4）有较强的使用寿命。

常见的光源可以分为如下几类：

（1）钨灯、碘钨灯等热辐射光源：能发出 320~2 500 nm 的连续可见光谱，是可见分光光度计、紫外-可见分光光度计应用最多的光源；

（2）氢灯和氘灯等气体放电光源：能发出 200~375 nm 的紫外光线，是紫外分光光度计、紫外-可见分光光度计紫外光区应用最多的光源。

2. 单色器

单色器是能将复合光色散成单色光的光学装置，由入射狭缝、准直镜、色散元件、聚焦元件和出射狭缝等几个部分组成。单色器的好坏直接影响入射光的单色性，从而影响到测定的灵敏度、选择性及测量结果的准确性等。

（1）入射狭缝：用于调节入射光的强度；

（2）准直镜：一般为透镜或凹面反射镜，起到使入射光变成平行光的作用，用于控制光的方向；

（3）色散元件：将光源发出的复合光色散为单色光，起到分光的作用。一般为棱镜和光栅两种。玻璃棱镜用于可见分光光度计，石英棱镜用于紫外分光光度计和紫外-可见分光光度计；

（4）聚焦元件：将色散后的单色光通过聚焦透镜将单色光聚焦；

（5）出射狭缝：用于调节光的强度，让所需要的单色光通过，在一定范围内对单色光的纯度起着调节作用，对单色器的分辨率起重要作用。狭缝过大，谱带宽度太大，入射光的单色性降低，干扰增大；狭缝过小，入射光强度减弱，测量的灵敏度降低。

3. 吸收池

吸收池又称样品池或比色皿，用于盛放液态待测溶液的器皿，是光与待测溶液发生作用的重要场所。吸收池分为玻璃池和石英池两种，玻璃池只能用于可见光区，石英池可用于可见光区及紫外光区。

为确保测量结果的准确性，在使用吸收池时需要注意以下几个方面：

（1）吸收池（比色皿）有毛面和光学面，手持比色皿要拿毛面，不能拿光学面，避免手指油污污染比色皿光学面，影响光学面的透光性；

（2）吸收池的装液量在 2/3~3/4 处；

（3）只能用擦镜纸或丝绸擦拭光学面；

（4）由于吸收池材料本身及光学面的光学特性、吸收池光程长度的精确性对吸光度的测量结果都有直接影响，故在测量前要进行吸收池的配套性检验；

（5）测量含有腐蚀玻璃的溶液时，不宜将溶液久置于吸收池中；

（6）检测完成后立即用大量的水冲洗干净，有色污染物可用 3 mol/L 盐酸和等体积乙醇的混合溶液浸泡洗涤；

（7）洗净后的吸收池只能晾干，不可加热烘干。

4. 检测器

检测器用于检测单色光通过溶液后透射光的强度，并把这种光信号转变为电信号输出，输出的电信号与透射光的强度成正比。常用的检测器有光电池、光电管及光电倍增管等，其中光电倍增管的灵敏度最高。

5. 信号处理及显示系统

信号处理及显示系统的作用是将检测器产生的电信号，经放大等处理后，用一定方式显示出来。常用的信号指示装置有直流检流计、电位调零装置、数字显示及自动记录装置等。现在大多分光光度计配有微处理机，一方面可以对仪器进行控制，另一方面进行图谱储存和数据处理。

进行决策

引导问题 1. 水样中总磷的含量测定方法有哪些？需要用到哪些仪器？

引导问题 2. 查阅相关资料，掌握基本名词。

名词	概念
单色器	
吸收池	

引导问题 3. 紫外分光光度计、可见分光光度计和紫外-可见分光光度计的结构由什么异同？

引导问题 4. 紫外-可见分光光度计的结构组成是（　　）。（多选）

A. 光源　　B. 单色器　　C. 吸收池　　D. 检测器

E. 信号处理及显示系统

引导问题 5. 可见分光光度计和紫外分光光度计使用的光源分别是（　　）。

A. 钨灯、氘灯　　B. 白炽灯、钨灯　　C、氢灯、钨灯　　D、碘钨灯、钨灯

任务实施

填写任务单：紫外-可见分光光度计的使用。

<table>
<tr><td>项目名称</td><td>紫外-可见分光光度法测定水中的总磷</td><td>项目依据或标准来源</td><td>岗位要求</td></tr>
<tr><td>任务名称</td><td colspan="3">紫外-可见分光光度计的使用</td></tr>
<tr><td>任务内容</td><td colspan="3">1. 开机预热 20 分钟。
2. 调节测量波长：调整总磷的测定波长至 700 nm。
3. 设置测试模式：设置吸光度（A）模式。
4. 光源切换：选择测定总磷需要的光源。
5. 比色皿配对：学会使用比色皿，检查比色皿的配套性。将一对比色皿内注入蒸馏水，将其中一只比色皿透射比调至 95%（数显仪器调至 100%）处，再测量另外一只比色皿的透射比，凡两种之间透射比之差不大于 0.5%，即可配套使用。
6. 调 T 零（0%T）。仪器调至透射率（T）模式，将遮光体置入样品架，盖上样品室盖，拉动拉杆，按动调 0% 调 T 零，取出遮光体。
7. 调 100%T/0 A。将参比样品置入样品架，拉动拉杆，调 100% 键。
8. 吸光度的测定。按动“功能键”，切换至吸光度测试模式。按照比色皿的使用注意事项将待测液装入比色皿，放入样品室，盖上样品室盖，拉动拉杆，读取吸光度数值。
9. 取出比色皿，倒掉溶液，清洗比色皿。
10. 关机，整理实验台面，填写仪器使用记录。</td></tr>
<tr><td colspan="4">完成情况</td></tr>
<tr><td colspan="4">紫外-可见分光光度计测定总磷溶液吸光度
1. 比色皿的配套实验</td></tr>
</table>

比色皿	透射比
1 号比色皿	
2 号比色皿	

2. 总磷溶液吸光度的测定

测量波长	
吸光度值	

说明					
接单时间		完成时间		接单人	

评价反馈

1. 学习总结（收获、感受、注意事项）

2. 学习评价

序号	评价方式	赋分权重	小计
1	学生自评	20%	
2	学生互评	20%	
3	教师评价	60%	
合计得分			

能力拓展

紫外-可见分光光度计的分类

紫外-可见分光光度计按使用波长的范围可分为：可见分光光度计和紫外可见分光光度计两类。前者的使用波长范围为400~780 nm；后者的使用波长范围为200~1 000 nm。可见分光光度计只能用于测量有色溶液的吸光度，而紫外可见分光光度计可测量在紫外、可见光及近红外区有吸收的物质的吸光度。

紫外-可见分光光度计按光路可分为单光束式及双光束式两类；按测量时提供的波长数又可分为单波长分光光度计和双波长分光光度计两类。

一、单光束分光光度计

所谓单光束是指从光源中发出的光，经过单色器等一系列光学元件及吸收池后，最后照在检测器上时始终为一束光。其工作原理如图 1-9。常用的单光束紫外-可见分光光度计有：751G型、752 型、754 型、756MC 型、普析通用 T6 型、北京瑞利 UV1801 型等。

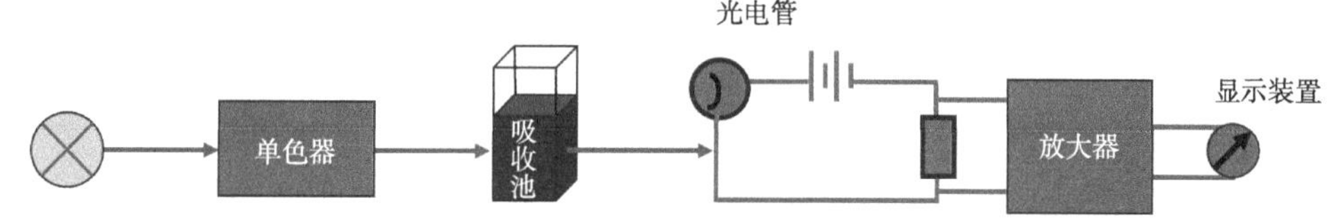

图 1-9　单光束分光光度计原理示意图

单光束分光光度计的特点是结构简单、价格低，主要适用于做定量分析。其不足之处是测定结果受光源强度波动的影响较大，因而给定量分析结果带来较大误差。

二、双光束分光光度计

双光束分光光度计是指从光源中发出的光经过单色器后被一个旋转的扇形反射镜（即切光器）分为强度相等的两束光，分别通过参比溶液和样品溶液。利用另一个与前一个切光器同步的切光器，使两束光在不同时间交替地照在同一个检测器上，通过一个同步信号发生器对来自两个光束的信号加以比较，并将两个信号的比值经对数变换后转换为相应的吸光度值（如图 1-10）。

双光束分光光度计的特点是能连续改变波长，自动比较样品及参比溶液的透光强度，自动消除光源强度变化所引起的误差。对于必须在较宽的波长范围内获得复杂的吸收光谱曲线的分析，此类光度计比较适合。

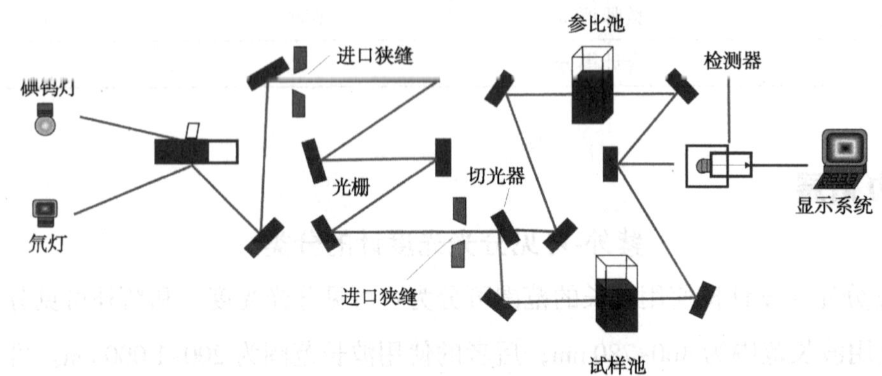

图 1-10　双光束分光光度计原理示意图

三、双波长分光光度计

双波长分光光度计与单波长分光光度计的主要区别在于采用了双单色器，可以同时得到两束波长不同的单色光。

光源发出的光分成两束，分别经两个可以自由转动的光栅单色器得到两束具有不同波长 λ_1 和 λ_2 的单色光。然后借助切光器，使两束光以一定的时间间隔交替照射到装有试液的吸收池，由检测器显示出试液在波长 λ_1 和 λ_2 的透射比差值或吸光度差值（如图 1-11）。

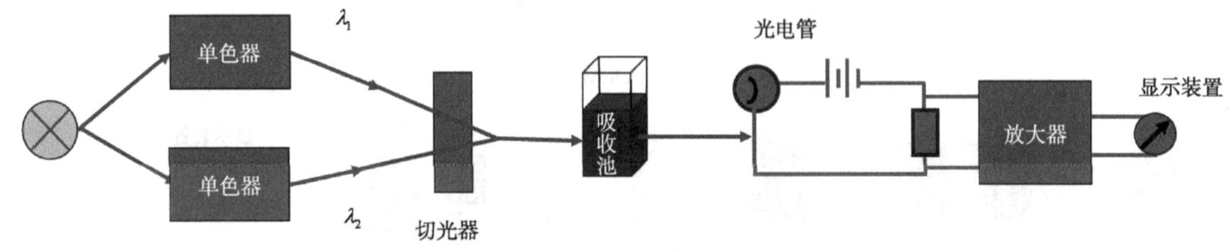

图 1-11　双波长分光光度计原理示意图

双波长分光光度计的特点是不用参比溶液，只用一个待测溶液，因此可以消除背景吸收干扰，包括待测溶液和参比溶液组成的不同及吸收液厚度差异的影响，适合于混合物及混浊样品的定量分析。但它的缺点也很明显，就是价格比较昂贵。

干一行爱一行，不怕苦不怕累，尽职尽责；爱一行钻一行，精益求精，开拓创新，积极培育和弘扬新时代“工匠精神”。

任务三　紫外-可见分光光度法测定水中总磷的测量条件选择

任务描述

根据学习任务，测定地表水中总磷的含量，查阅 GB 11893—89《水质　总磷的测定　钼酸铵分光光度法》，明确总磷最大吸收波长、显色剂等测量条件的选择，掌握紫外-可见分光光度法测定水中总磷的条件。

学习目标

1. 知识目标

（1）理解总磷的显色原理；

（2）掌握总磷最大吸收波长的选择原则；

（3）理解吸光度范围、狭缝宽度对吸光度的影响；

（4）理解显色剂用量、反应 pH、显色时间、反应温度等条件对显色的影响；

（5）掌握干扰及消除方法。

2. 能力目标

（1）能正确选择总磷的最大吸收波长；

（2）能正确选择测定总磷的显色剂；

（3）能正确选择合适的参比溶液。

3. 素养目标

（1）严格选择测量条件，养成标准意识；

（2）及时消除干扰，强化规范意识。

获取信息

紫外-可见分光光度法常见名词：

1. 紫外-可见分光光度法：基于物质分子对紫外-可见光区（200~1 000 nm）辐射的吸收特性建立起来的一种定性、定量和结构分析的方法。

2. 吸收光谱：以波长 λ（nm）为横坐标，以吸光度 A（或透光率 T）为纵坐标。

3. 吸收峰（谷）：吸光曲线上吸光度最大（小）的地方，所对应的波长是最大吸收波长。

4. 肩峰：在吸收峰旁边产生的一个曲折。

5. 末端吸收：在吸收曲线的短波长处呈现强吸收而不成峰形的部分。

6. 生色团：有机化合物分子结构中含有 π → π* 或 n → π* 跃迁的基团，即能在紫外-可见光范围内产生吸收的原子基团。

7. 助色团：指含有非键电子的杂原子饱和基团，当它们与生色团或饱和烃相连时，能使该生色团或饱和烃的吸收峰向长波方向移动，并使吸收强度增加的基团。

8. 红移：亦称长移，是由于化合物的结构改变，如共轭、引入助色团及溶剂改变等，使吸收峰向长波方向移动的现象。

9. 蓝（紫）移：亦称短移，是化合物的结构改变或受到溶剂影响使吸收峰向短波方向移动的现象。

10. 增色效应和减色效应：由于化合物结构改变或其他原因，使吸收强度增加称增色效应或浓色效应；使吸收强度减弱称减色效应或淡色效应。

11. 强带和弱带：化合物的紫外-可见吸收光谱中，摩尔吸光系数 ε_{max} 值 $>10^4$ 的吸收峰称为强带，ε_{max} 值 $<10^2$ 的称为弱带。

12. 朗伯-比尔定律：是描述物质对单色光吸收的强弱和吸光物质的浓度和厚度间关系的定律，是吸收光度法的基本定律，也是分光光度法定量分析的依据和基础。

13. 吸光系数：吸光物质在单位浓度及单位厚度时的吸光度，符号是 E。

14. 摩尔吸光系数：指在一定波长时，溶液浓度为 1 mol/L，厚度为 1 cm 的吸光度，用 ε 或 E_M 标记。

15. 百分吸光系数：指在一定波长时，100 mL 溶液中含被测物质 1 g，厚度为 1 cm 的吸光度，用 $E_{1cm1\%}$ 表示。

任务解析

根据 GB 11893—89《水质 总磷的测定 钼酸铵分光光度法》中总磷的测定波长为 700 nm，是通过绘制总磷吸收曲线得出的。

一、波长的选择

定量分析时通常选用 λ_{max} 为测量波长，此时灵敏度最高。吸收曲线是选择测定波长的依据，选择的原则是：吸收最大，干扰最小。

1. 选择最大吸收波长 λ_{max} 作为测量波长，称为最大吸收原则，以获得较高的灵敏度，如图 1–12（a）所示。

2. 在 λ_{max} 处吸收峰太尖锐，则在满足分析灵敏度前提下，可选用灵敏度稍低的波长。如图 1–12（b）中的 λ_1 作为测量波长，以减小非单色光引起的对朗伯-比尔定律的偏离。

3. 在 λ_{max} 处有干扰时，可选用无干扰、灵敏度稍低的波长，如图 1–12（c）中的 λ_2 作为测量波长，以消除干扰。

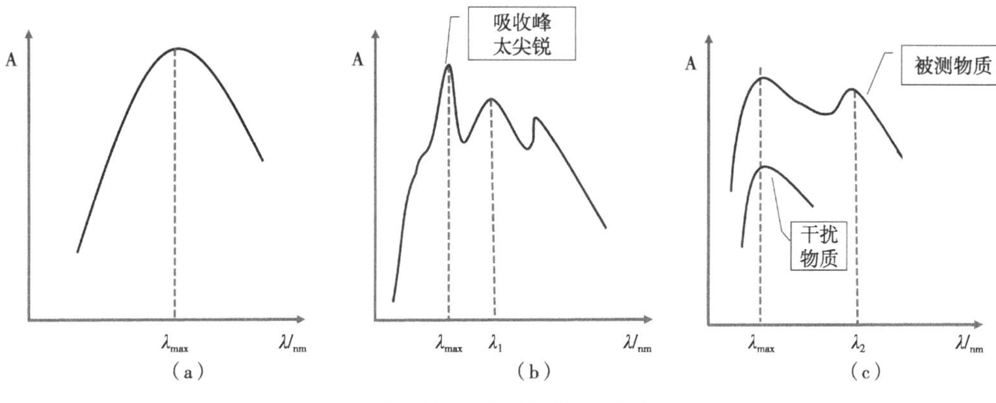

图 1-12　入射光波长的选择

二、吸光度范围的选择

吸光度合适的范围是 0.2~0.8，在此范围时由仪器测量引起的误差比较小。当吸光度 A=0.434 时，仪器的测量误差最小；当 A 增大或减小时，误差都会变大。在分析中，一般选择 A 的测量范围为 0.2~0.8（T 为 65%~15%），此时如果仪器的透光率读数误差（ΔT）为 1% 时，由此引起的测定结果相对误差（$\Delta c/c$）约为 3%。在实际工作中，可通过调节待测溶液的浓度或选用适当厚度的吸收池的方法，使测得的吸光度符合要求。

三、仪器狭缝宽度的选择

狭缝的宽度会直接影响到测定的灵敏度和标准曲线的线性范围。狭缝宽度过大时，入射光的单色性降低，标准曲线偏离朗伯-比尔吸收定律，准确度降低；狭缝宽度过窄时，光强变弱，测量的灵敏度降低。选择狭缝宽度的方法是：测量吸光度随狭缝宽度的变化，狭缝宽度在一个范围内变化时，吸光度是不变的，当狭缝宽度大到某一程度时，吸光度才开始减小。因此，在不引起吸光度减小的情况下，尽量选取最大狭缝宽度。

四、显色反应条件的选择

1. 显色剂的用途

在可见分光光度定量分析过程中，许多物质的溶液往往透明或颜色很浅，无法直接进行测定，需要事先通过适当的化学处理，即加入显色剂，使该物质转变为能对可见光产生较强吸收的有色物质，然后进行光度测定。

2. 显色反应与显色剂

将待测组分转化为有色物质的反应称为显色反应，与待测组分形成有色物质的试剂称为显色剂。因此，选择合适的显色反应，严格控制反应条件是十分重要的实验技术。

3. 显色剂的要求

（1）显色剂与待测物反应的产物对紫外-可见光有较强的吸收能力，即灵敏度高

（$\varepsilon \geq 10^4$）。

（2）显色剂与待测物反应生成的有色化合物的组成要恒定（配位数一定）。

$[Fe(SCN)]^{2+}$　　$[Fe(SCN)_2]^+$　　$Fe(SCN)_3$

$[Fe(SCN)_4]^-$　　$[Fe(SCN)_5]^{2-}$　　$[Fe(SCN)_6]^{3-}$

（3）生成的有色化合物的化学性质稳定。

（4）对比度大，显色剂与生成的有色化合物的颜色差异要大，要求吸收波长有明显的差别，即$\Delta\lambda = |\lambda_{显色剂} - \lambda_{有色化合物}| \geq 60$ nm。

（5）显色条件要易于控制。

（6）显色剂的选择性好、干扰少。

4. 显色剂的种类

（1）无机显色剂：许多无机试剂与金属离子的显色反应灵敏度和选择性都不高，其实用价值较小，表 1–2 为几种常用的无机显色剂。

表 1-2　几种常用的无机显色剂

显色剂	测定元素	反应介质	有色化合物的颜色	有色化合物的 λ_{max}/nm
硫氰酸盐	铁	0.1~0.8 mol/L HNO_3	红	480
	钼	1.5~2 mol/L H_2SO_4	橙	460
	钨	1.5~2 mol/L H_2SO_4	黄	405
	铌	3~4 mol/L HCl	黄	420
	铼	6 mol/L HCl	黄	420
钼酸铵	硅	0.15~0.3 mol/L H_2SO_4	蓝	670~820
	磷	0.15 mol/L H_2SO_4	蓝	670~820
	钨	4~6 mol/L HCl	蓝	660
	硅	稀酸性	黄	420
	磷	稀硝酸	黄	430
	钒	酸性	黄	420
氨水	铜	浓氨水	蓝	620
	钴	浓氨水	红	0.5
	镍	浓氨水	黄	580
过氧化氢	钛	1~2 mol/L H_2SO_4	黄	420
	钒	0.5~3 mol/L H_2SO_4	红橙	420~450
	铌	18 mol/L H_2SO_4	黄	365

（2）有机显色剂：有机显色剂与金属离子形成配合物的稳定性、灵敏度及选择性都较高，且有机显色剂的种类较多，应用广泛，表 1–3 为几种常用的有机显色剂。

表 1-3　几种常用的有机显色剂

显色剂	测定元素	反应介质	λ_{max}/nm	ε_{max}/[L/（mol·cm）]
磺基水杨酸	Fe^{2+}	pH 2~3	520	1.6×10^3
邻二氮菲	Fe^{2+}	pH 3~9	510	1.1×10^4
	Cu^+		435	7.0×10^3
丁二酮肟	Ni（Ⅳ）	氧化剂存在，碱性	470	1.3×10^4
1-亚硝基-2-苯酚	Co^{2+}		415	2.9×10^4
钴试剂	Co^{2+}		570	1.13×10^5
双硫腙	Cu^{2+}，Pb^{2+}，Zn^{2+}，Cd^{2+}，Hg^{2+}	不同酸度	490~550（Pb520）	4.5×10^4~ 3×10^4（Pb6.8×10^4）
偶氮砷（III）	Th（Ⅳ），Zr（Ⅳ），La^{3+}，Ce^{4+}，Ca^{2+}，Pb^{2+}	强酸至弱酸介质	665~675（Th665）	1.0×10^4~1.3×10^5（Th1.3×10^5）
RAR（吡啶偶氮间苯二酚）	Co，Pd，Nb，Ta，Th，In，Mn	不同酸度	Nb550	Nb3.6×10^4
二甲酚橙	Zr（Ⅳ），Hf（Ⅳ），Nb（Ⅴ），UO_2^{2+}，Bi^{3+}，Pb^{2+}	不同酸度	530~580（Hf 530）	1.6×10^4~5.5×10^4（Hf 4.7×10^4）
铬天菁 S	Al	pH 5~5.8	530	5.9×10^4
结晶紫	Ca	7 mol/L 盐酸、$CHCl^{3-}$丙酮萃取		5.4×10^4
罗丹明 B	Ca，Tl	6 mol/L 盐酸、苯萃取，1 mol/L HBr 异丙醚萃取		6×10^4，1.0×10^5
孔雀绿	Ca	6 mol/L 盐酸、C_6H_5Cl-CCl_4 萃取		9.9×10^4
亮　绿	Tl，B	0.01~0.1 mol/L HBr 乙酸乙酯，萃取，pH 3.5 苯萃取		7.0×10^4，5.2×10^4

5. 显色反应条件

显色反应的条件主要有显色剂的用量、溶液酸度、显色时间、显色温度、溶剂等。

（1）显色的用量选择：显色剂用量的多少会影响测量溶液的吸光度，故而要严格控制显色剂用量。一般情况下，显色剂用量可通过实验选择，在固定金属离子浓度的情况下，作吸光度随显色剂浓度的变化曲线，选取吸光度恒定时的显色剂用量，图 1–13 为显色剂用量实验曲线。

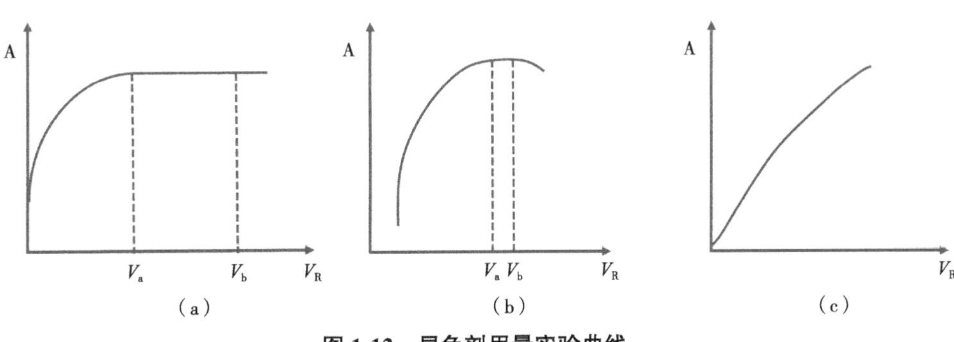

图 1-13　显色剂用量实验曲线

（2）反应的pH：由于多数显色剂本身就是有机弱酸或弱碱，介质的pH直接影响显色剂的解离程度，从而影响显色反应的完全程度。在实际分析工作中，常通过实验来选择反应的适宜酸度。

（3）显色的时间：各种显色反应的反应速率往往不同，因此，有必要控制显色反应的显色时间。尤其对一些反应速率较慢的反应体系，更需要有足够的反应时间。一般需要通过实验选择合适的放置、测量时间，因为介质酸度、显色剂的浓度都会影响显色时间。

（4）反应的温度：溶液吸光度的测量都是在室温下进行的，温度的稍许变化，对测量影响不大，但是有的显色反应受温度影响很大，需要进行反应温度的选择和控制。

总磷的显色原理：在中性条件下用过硫酸钾（或硝酸-高氯酸）使试样消解，将所含磷全部氧化为正磷酸盐。在酸性介质中，正磷酸盐与钼酸铵反应，在锑盐存在下生成磷钼杂多酸后，立即被抗坏血酸还原，生成蓝色的络合物。

$$\text{含磷化合物} + K_2S_2O_8 \rightarrow PO_4^{3-}\text{（正磷酸盐）} + K_2SO_4$$

$$(NH_4)_2MoO_4 + PO_4^{3-}\text{（正磷酸盐）} \rightarrow H_3PO_4 \cdot 12MoO_3$$

$$H_3PO_4 \cdot 12MoO_3 + C_6H_8O_6 \rightarrow \text{蓝色络合物}$$

五、参比溶液的选择

参比溶液是用来调节仪器工作零点和消除某些干扰的。参比溶液的选择一般遵循以下原则。

1. 溶剂参比

若仅待测组分与显色剂反应产物在测定波长处有吸收，其他所加试剂均无吸收，用纯溶剂做参比溶液，可以消除溶剂、吸收池等因素的影响。

2. 试剂参比

若显色剂或其他所加试剂在测定波长处略有吸收，而试液本身无吸收，用不加试样的溶液做参比溶液，可以消除试剂中的组分产生的影响。

3. 试样参比

若待测试样中其他共存组分在测定波长处有吸收，但不与显色剂反应，且显色剂在测定波长处无吸收，则可用不加显色剂的被测溶液做参比溶液，可以消除有色离子的影响。

4. 褪色参比

若显色剂、试液中其他组分在测量波长处有吸收，则可在试液中加入适当掩蔽剂将待测组分掩蔽后再加显色剂做参比溶液，可以消除显色剂的颜色及样品中微量共存离子的干扰。

六、干扰的消除方法

在使用分光光度计进行样品测定时，干扰物质的消除方法有以下几种，干扰物质本身有颜色或与显色剂形成有色化合物。

1. 控制酸度

根据配合物的稳定性不同，可以利用控制酸度的方法提高反应的选择性，以保证主反应进行完全。例如，双硫棕能与 Hg^{2+}、Pb^{2+}、Cu^{2+}、Ni^{2+}、Cd^{2+}等十多种金属离子形成有色配合物，其中与 Hg^{2+}生成的配合物最稳定，在 0.5 mol · L^{-1} H_2SO_4 介质中仍能定量进行，而上述其他离子在此条件下不发生反应。由此，可以消除其他金属离子对 Hg^{2+}测定的干扰。

2. 选择适当的掩蔽剂

使用掩蔽剂消除干扰是常用的有效方法。选取的条件是掩蔽剂不与待测离子作用，掩蔽剂及它与干扰物质形成的配合物的颜色不会干扰待测离子的测定。

3. 利用惰性配合物

钢铁中测定微量钴时，常用钴试剂为显色剂。但钴试剂不仅与 Co^{2+}有灵敏的反应，而且与 Ni^{2+}、Zn^{2+}、Mn^{2+}、Fe^{2+}等都有反应。但它与 Co^{2+}在弱酸性介质中一旦完成反应后，即使再用强酸酸化溶液，该配合物也不会分解。而 Ni^{2+}、Zn^{2+}、Mn^{2+}、Fe^{2+}等与钴试剂形成的配合物在强酸介质中很快分解，从而消除了上述离子的干扰，提高了反应的选择性。

4. 选择适当的测量波长

在 $K_2Cr_2O_7$ 的存在下测定 $KMnO_4$ 时，$KMnO_4$ 的最大吸收波长 λ_{max} 为 525 nm，但在此波长下，$K_2Cr_2O_7$ 也会产生吸收，因此，可选择 $K_2Cr_2O_7$ 无吸收的 545 nm 的光，既可测定 $KMnO_4$ 溶液的吸光度，又可避免 $K_2Cr_2O_7$ 干扰。

5. 分离

在上述方法不适宜使用时，也可采用预先分离的方法，如沉淀、萃取、离子交换、蒸发和蒸馏以及色谱分离法（包括柱色谱、纸色谱、薄层色谱等）。

进行决策

引导问题 1. 国家标准中测定总磷时，可以使用哪些仪器?

引导问题 2. 可见分光光度测量是利用物质对有色溶液的吸收，那么当溶液透明或者颜色很浅的时候，我们该怎么办呢?

引导问题 3. 国家标准中总磷的最大吸收波长通过什么确定?

引导问题 4. 查阅相关资料，掌握基本名词。

名词	概念
显色剂	
显色反应	

引导问题 5. 总磷是如何显色的?

引导问题 6. 钼酸铵分光光度法测定总磷的最大吸收波长是（　　）。

A. 650 nm　　B. 670 nm　　C. 700 nm　　D. 710 nm

引导问题 7. 显色剂的结构由哪几部分组成?

引导问题 8. 钼酸铵分光光度法测定总磷选用的显色剂是（　　）。

A. 钼酸铵　　B. 偏钼酸铵　　C. 钼锑抗　　D. 磷钼酸

任务实施

填写任务单：总磷吸收曲线的绘制

项目名称	紫外-可见分光光度法测定水中总磷的含量							项目依据或标准来源					GB 11893—89			
任务名称	总磷吸收曲线的绘制															
任务内容	以波长为横坐标，以吸光度为纵坐标，每隔 10 nm 测定总磷溶液吸光度，并在 Excel 表格中绘制出总磷溶液的吸收曲线。															
完成情况																
总磷吸收曲线的绘制																
波长 /nm	450	460	470	480	490	500	510	520	530	540	550	560	570	580	590	600
吸光度值																

续表

总磷吸收曲线 （请将在 Excel 表格内画好的曲线图粘贴至此处）					
说明					
接单时间		完成时间		接单人	

评价反馈

1. 学习总结（收获、感受、注意事项）

2. 学习评价

序号	评价方式	赋分权重	得分小计
1	学生自评	20%	
2	学生互评	20%	
3	教师评价	60%	
得分合计			

能力拓展

总磷测量条件的确定

在中性条件下用过硫酸钾（或硝酸-高氯酸）使试样消解，将所含磷全部氧化为正磷酸盐，在酸性介质中，正磷酸盐与钼酸铵反应，在锑盐存在下生成磷钼杂多酸后，立即被抗坏血酸还原，生成蓝色的络合物。

请根据水中总磷的测定 GB 11893—89 中的要求找出测定总磷的条件。

测量波长	
显色剂种类	
显色剂浓度	
显色剂用量	
显色条件	
显色时间	
参比溶液	
空白溶液	

一个整体中的各个部分，有各自明确的职责，同时又通过协调、配合把整体的功能很好地表现出来，缺少了团结，就不可能有整体的良好运作。团结协作是一切事业成功的基础，是立于不败之地的重要保证。团结协作不只是一种解决问题的方法，更是一种道德品质。它体现了人们的集体智慧，是现代社会生活中不可缺少的一环。

任务四　紫外-可见分光光度法测定水中总磷标准曲线的绘制

任务描述

根据 GB 11893—89《水质 总磷的测定 钼酸铵分光光度法》测定总磷时需要建立总磷标准曲线，要学会配制总磷标准系列溶液，掌握建立总磷标准曲线的方法。

学习目标

1. 知识目标

（1）掌握总磷标准系列溶液配制方法；

（2）掌握总磷标准曲线的建立方法；

（3）掌握 Excel 绘制标准曲线的方法。

2. 能力目标

（1）能规范配制总磷标准系列溶液；

（2）能准确借助 Excel 表格建立总磷标准曲线并满足线性≥ 0.999 的要求。

3. 素养目标

（1）严格配制总磷标准系列溶液，建立严谨态度；

（2）规范建立总磷标准曲线，强化规范意识。

获取信息

紫外-可见分光光度法常用于定量分析，根据测定波长的范围可分为可见分光光度定量分析法和紫外分光光度定量分析法。可见分光光度定量分析法用于有色物质的定量，紫外分光光度定量分析法用于对紫外光有吸收的物质的定量分析。

紫外-可见分光光度法的定量分析：通过测试溶液对某一特定波长的光的吸收程度，物质浓度和吸收波长的强度成正比关系，根据朗伯-比尔定律，求出溶液中某组分的含量或浓度。

任务解析

单组分定量分析

1. 标准曲线法

标准曲线法也叫工作曲线法。配制一系列不同浓度的标准溶液，以不含被测组分的溶液为参比，测定标准系列溶液的吸光度，以吸光度 A 为纵坐标，浓度 c 为横坐标，绘制吸光度-浓度曲线（如图 1–14），称为标准曲线（工作曲线或校正曲线）。在相同条件下测定试样溶液的吸光度，从校正曲线上找出与之对应的未知组分的浓度。利用分光光度计配备的专门程序或者Excel表格来进行线性回归处理，得到线性回归方程：

$$A=a+bc$$

式中：a、b 为回归系数，其中 a 为直线的截距；b 为直线的斜率。标准曲线线性的好坏可用回归方程的线性相关系数 r 来表示，r 接近于1说明线性好。一般要求 r 大于0.999。

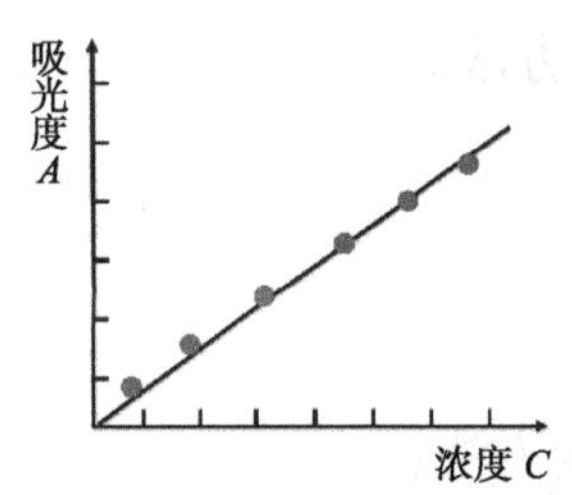

图 1-14　吸光度-浓度标准曲线

2. 吸光系数法（绝对法）

在测定条件下，如果待测组分的吸光系数已知，可以测定溶液的吸光度，直接根据朗伯-比尔定律，求出组分的浓度或含量。

3. 标准对照法

取适宜规格的容量瓶，配制一个待测组分标准溶液，其浓度为 c_s；要求其浓度 c_s 与待测试液浓度 c_x 接近。同时配制试样溶液，设浓度为 c_x。

在同一条件下，以同一参比溶液做参比，分别测定标准溶液的吸光度 A_s 和试液的吸光度 A_x。

由 c_s 可计算试样溶液中被测物质的浓度 c_x：因标准溶液和试液均符合光吸收定律，标准溶液和试液是同种组分，且测定采用同一规格的吸收池，故

$$\varepsilon_s=\varepsilon_x,\quad b_s=b_x\quad A_s=\varepsilon_s b_s c_s\quad A_x=\varepsilon_x b_x c_x$$

$$c_x=\frac{A_s}{A_x}c_s$$

进行决策

引导问题 1. 使用紫外-可见分光光度计进行定量分析的方法有哪些？总磷的测定使用哪种方法？

引导问题 2. 标准曲线法是实际分析工作中最常用的一种方法，总磷的标准曲线该如何建立？

引导问题 3. 采用标准曲线法是对待测物质进行定性还是定量分析？

引导问题 4. 采用标准曲线法进行定量分析有哪些条件?

引导问题 5. 以钼酸铵为显色剂，采用标准曲线法测定水中总磷，实验得到标准溶液和样品的浓度及吸光度数据如下，试绘制总磷溶液的标准曲线。

溶液	空白	标 1	标 2	标 3	标 4	标 5	标 6	样品
浓度 $c\times10^5$（mol/L）	0.00	1.00	2.00	3.00	4.00	6.00	8.00	c_x
吸光度 A	0.000	0.113	0.212	0.336	0.434	0.669	0.868	0.712

引导问题 6. 已知某物质在 700 nm 处的质量吸光系数为 20.7 $L\cdot g^{-1}\cdot cm^{-1}$。称取样品 30.0 mg，加水溶解后稀释至 1 000 ml，在该波长处用 1.00 cm 吸收池测定溶液的吸光度为 0.618，计算样品溶液中某物质的质量分数。

任务实施

填写任务单

（1）总磷标准系列溶液的配制

<table>
<tr><td>项目名称</td><td colspan="2">紫外-可见分光光度法测定
水中总磷的含量</td><td colspan="2">项目依据或标准来源</td><td colspan="2">GB 11893—89</td></tr>
<tr><td>任务名称</td><td colspan="6">总磷标准系列溶液的配制</td></tr>
<tr><td>任务内容</td><td colspan="6">先配制总磷标准系列溶液。取 7 支 25 mL 具塞比色管分别加入 0.00，0.50，1.00，3.00，5.00，10.00，15.00 mL 磷酸盐标准溶液，加水至 25 mL。依次分别向各 7 个溶液中加入 1 mL 抗坏血酸，30 s 后加 2 mL 钼酸盐溶液充分混匀。</td></tr>
<tr><td colspan="7">选取仪器名称与规格：</td></tr>
<tr><td colspan="7">选取试剂与用量：</td></tr>
<tr><td colspan="2">说明</td><td colspan="5"></td></tr>
<tr><td colspan="2">接单时间</td><td></td><td>完成时间</td><td></td><td>接单人</td><td></td></tr>
</table>

（2）总磷标准系曲线的绘制

项目名称	紫外-可见分光光度法测定水中总磷的含量				项目依据或标准来源		GB 11893—89
任务名称	总磷标准曲线的绘制						
任务内容	以水做参比，测定吸光度。扣除空白试验的吸光度后，和对应的总磷标准溶液的含量绘制工作曲线。						
完成情况							
总磷标准曲线							
溶液	空白	标 1	标 2	标 3	标 4	标 5	标 6
质量浓度 ρ（g/L）							
吸光度 A							
将所测定的吸光度 A 为纵坐标，以总磷标准液浓度为横坐标，在 Excel 表格中制作总磷标准曲线，并画在下方。							
总磷标准曲线							
线性回归方程：							
线性相关系数：							
说明							
接单时间		完成时间		接单人			

评价反馈

1. 学习总结（收获、感受、注意事项）

2. 学习评价

序号	评价方式	赋分权重	得分小计
1	学生自评	20%	
2	学生互评	20%	
3	教师评价	60%	
得分合计			

能力拓展

标准曲线知多少

1. 标准曲线的做法依据

根据 GB/T 22554—2010《基于标准样品的线性校准》中要求，需要注意以下几点：

（1）所选标准样品的浓度范围应尽可能覆盖被测量的浓度范围；

（2）所选标准样品的组分应尽可能接近被测样品的组分；

（3）标准样品的浓度值应大致等距离地分布在被测量浓度范围；

（4）标准样品的个数应不少于 3 个；

（5）国家标准有相应的浓度系列推荐，应按国家标准执行。

2. 校准曲线

校准曲线包括标准曲线和工作曲线。

标准曲线是用标准系列溶液直接测量，没有经过预处理过程，在用于测定样品时往往造成较大误差。

工作曲线所使用的标准溶液是经过了与样品相同的消解、净化、测量等全过程，使用工作曲线测定样品结果较为准确。

3. 标准曲线数据点数量的确定

标准曲线需要数据点的数量，是由所检测组分的浓度范围、分析仪响应特性、干扰因素、浓度与检测信号响应类型有关的。

对于一些低浓度，特别是微量分析，并且浓度范围不是很大的，检测器响应可靠，背景干扰非常小的，则可以选用较少的工作点就行，一般 3 个浓度点即可。

对于平时测量的样品浓度范围较宽，并且检测器响应不完全是一次曲线（直线）的，可以采用二次曲线或分段校正方式，以减少数据偏差，这种情况就需要多用几个数据点，如果不分段，数据点有 4~6 个即可。

4. 标准曲线 R 值合格标准

实验室应按检测标准（方法）的要求使用标准溶液或标准物质建立标准曲线。所用标准溶液或标准物质应覆盖被测样品的浓度范围。检测标准（方法）如无具体的要求，至少使用 5 个标样（除空白外）建立线性标准曲线，每个点重复测定 1~3 次，线性回归方程的相关系数一般不得低于 0.999。

5. 标准曲线的检验

（1）线性检验

校准曲线的精密度检验。对于以 4~6 个浓度单位所获得的测量信号值绘制的校准曲线，分

光光度法一般要求其相关系数 $|r| \geq 0.999\,0$，否则应找出原因并加以纠正，重新绘制合格的校准曲线。

（2）截距检验

校准曲线的准确度检验。在线性检验合格的基础上，对其进行线性回归，得出回归方程 $y=bx+a$，然后将所得截距 a 与 0 作 t 检验，当取 95% 置信水平，经检验无显著性差异时，a 可作 0 处理，方程简化为 $y=bx$，在线性范围内，直接将样品测量信号值经空白校正后，计算出试样浓度；当 a 与 0 有显著性差异时，表示校准曲线的回归方程计算结果准确度不高，应找出原因予以校正后，重新绘制校准曲线并经线性检验合格。回归方程如不经上述检验和处理，就直接投入使用，必将给测定结果引入差值相当于解决 a 的系统误差。

（3）斜率检验

即检验分析方法的灵敏度。在完全相同的分析条件下，仅由于操作中的随机误差导致的斜率变化不应超出一定的允许范围，此范围因分析方法的精度不同而异。对于分子吸收分光光度法，要求其相对差值小于 5%。

6. 标准曲线有效期

当校准曲线的斜率较为稳定，则在样品分析时，可只测定两个标准点，当此两个标准点与原曲线相应点的相对偏差均小于 5% 时，可使用原校准曲线。因此，样品分析前，需根据斜率的稳定性来确定是否需同时制作校准曲线。如果超过规定相对误差，需重新绘制校准曲线。仪器如果出现故障或者大修后回来的，经过检定后，需要重新作曲线。当实验条件（包括药剂、人员、仪器等）发生变化时，原则上最好重新制作标准曲线。

7. 相关系数的有效数字

校准曲线相关系数只舍不入，保留到小数点后出现非 9 的一位，如 0.999 89 → 0.999 8。如果小数点后都是 9 时，最多保留小数点后 4 位。

对于我们每个中国人来说，都要珍惜从孔夫子到孙中山给我们留下来的智慧财富，这份财富我们就叫作“中国智慧”。领略中国智慧，坚定中国自信，除了对行业技术要有充分的了解和信心，还有一个至关重要的角度，就是要注重传承传统文化。

任务五　紫外-可见分光光度法测定未知水样总磷的含量

任务描述

根据 GB 11893—89《水质　总磷的测定　钼酸铵分光光度法》测定未知水样总磷时，需要测定质控样，排除干扰，根据建立的总磷标准曲线，测出总磷样品的吸光度，通过计算得出总磷样品的浓度。

学习目标

1. 知识目标

（1）掌握未知水样中总磷的测定方法；

（2）高浓度未知水样稀释原理及方法；

（3）水样中未知总磷含量的换算方法。

2. 能力目标

（1）能正确对未知总磷样品进行显色处理；

（2）能正确对高浓度总磷样品进行稀释；

（3）能正确运用朗伯-比尔定律计算未知总磷溶液浓度。

3. 素养目标

（1）引导学生一切从实际出发，实事求是的哲学思维；

（2）体验化验员科学严谨、精益求精的工作精神；

（3）达成实验室 5S 素养。

获取信息

含磷水样的预处理

地表水、地下水、工业废水、生活污水中都含有磷，水质中磷几乎都以磷酸盐的形式存在，它们主要分为正磷酸盐、综合磷酸盐和有机结合的磷酸盐。在使用 GB 11893—89《水质　总磷的测定　钼铵分光光度法》时，由于要使用钼酸铵对总磷显色，而水样中的有机磷难与钼酸铵反应，必须进行消解氧化才能测定。所以需要加入强氧化剂过硫酸钾，在加热状态下将水样中的有机磷氧化成无机磷，再进行总磷测定。

任务解析

一、未知总磷样品的显色

根据 GB 11893—89《水质 总磷的测定 钼酸铵分光光度法》，取 25 mL 总磷水样，依次分别向各溶液中加入 1 mL 抗坏血酸，30 s 后加 2 mL 钼酸盐溶液充分混匀，待显色后测定总磷的吸光度。

二、总磷样品的测定

1. 低浓度总磷样品测定

样品显色完全后，吸光度落在标准曲线范围内，此样品可以直接测定。按照此方法准备 3 份平行待测样品，一份空白样品，以备测量。

2. 高浓度总磷样品测定

（1）确定高浓度样品稀释倍数

测定显色后样品的吸光度，若吸光度值超出标准曲线范围，则需要对样品进行稀释。

稀释倍数确定原则：按照吸光度范围的选择原则，样品的吸光度值一般落在 0.2~0.8 的吸光度范围内，最好落在吸光度值 0.4 附近范围内，此时测量误差最小，测量结果最准确。

样品稀释原理：高浓度溶液因分子排列拥挤导致部分分子被包裹未参与显色，未显色分子无法被光度计测出，致使高浓度溶液吸光度测定结果偏低，当溶液被稀释后，被包裹的分子释放后经显色又被测量，故按照理论值计算的稀释倍数溶液测出的吸光度值会高于理论值，需适当扩大理论计算的稀释倍数进行稀释。

具体稀释方法：按照稀释倍数确定原则，根据测量样品的吸光度确定最佳稀释倍数，计算移取样品体积。

（2）配制稀释样品溶液

按照计算结果，准确移取样品体积，配制稀释样品溶液，显色后使用紫外-可见分光光度计测定稀释后样品的吸光度，若此时吸光度落在标准曲线范围内，即可进行样品的测定。按照此方法准备 3 份平行待测样品，一份空白样品，以备测量。

三、未知总磷样品的测定

1. 单点对照

选取标准曲线中间范围的某一标准点，进行总磷标准溶液的配制，测量溶液的吸光度值，带入标准曲线计算标准溶液的浓度，测量结果与标准曲线对应点的值进行比较，相对误差 RSD ≤ ±5% 即为合格。若超过误差范围，需从人（检测员）、机（检测仪器）、料（检测试剂）、法（检测方法）、环（检测环境）五个方面查找问题，直到误差合格为止。

2. 质控样的测定

（1）认识质控样

①质控样：具有准确含量和不确定度的标准样品；

②质控样用途：判断人员、机器、物料（试剂）、方法、环境是否影响准确度的一种质控措施；

③质控样判定要求：尽量选择与样品浓度接近的质控样测量，测量结果不能超过质控样说明书中的不确定度的范围。若超过不确定范围，需从人（检测员）、机（检测仪器）、料（检测试剂）、法（检测方法）、环（检测环境）五个方面查找问题，直到误差合格为止。

（2）质控样的测定

用标准总磷质控样润洗比色皿，装入质控样，控制装液量在 1/2~2/3 处，样品置于光路中测量，计算质控样结果，测定结果与质控样真值比对，误差满足要求即为合格。

3. 平行与空白对照

用未知总磷样品润洗比色皿 3 次，装入待测液溶液，控制装液量在 1/2~2/3 处，样品置于光路中测量，测定总磷样品的吸光度。平行测定 3 组样品，同时测定空白样。

四、总磷样品的数据处理

未知水样总磷浓度的计算：根据总磷标准曲线的线性回归方程 $A=bc+a$，求出总磷溶液的浓度。

$$c_1=\frac{A_1-A_0-a}{b}\quad c_2=\frac{A_2-A_0-a}{b}\quad c_3=\frac{A_3-A_0-a}{b}$$

$$\bar{c}=\frac{c_1+c_2+c_3}{b}$$

式中：c_1、c_2、c_3 为水中总磷的浓度（μg/ml），A_1、A_2、A_3、A_0 分别为样品 1、2、3 溶液和试剂空白溶液的吸光度，b、a 分别为标准曲线的斜率和截距。

进行决策

引导问题 1. 未知水样中总磷的测定步骤是什么？

引导问题 2. 浓度较大的总磷样品该如何稀释？

引导问题 3. 为什么要进行质控样的测定？

引导问题 4. 样品溶液浓度未知的，在选择质控样时如何选择与样品浓度接近的质控样？

引导问题 5. 什么情况下要进行单点对照实验？

引导问题 6. 为什么要进行平行实验？

任务实施

填写任务单

（1）高浓度总磷样品的稀释

<table>
<tr><td>项目名称</td><td colspan="3">紫外-可见分光光度法测定
水中总磷的含量</td><td colspan="2">项目依据或标准来源</td><td>GB 11893—89</td></tr>
<tr><td>任务名称</td><td colspan="6">高浓度总磷样品的稀释</td></tr>
<tr><td>任务内容</td><td colspan="6">对高浓度总磷样品进行显色，测定其吸光度。根据测量的吸光度，计算稀释倍数，按照稀释倍数对高浓度总磷溶液进行稀释后，进行吸光度的测定，确定其数值落在标准曲线范围内。</td></tr>
<tr><td colspan="7">完成情况</td></tr>
<tr><td colspan="7">高浓度总磷溶液稀释倍数的确定</td></tr>
<tr><td>高浓度总磷样品吸光度值</td><td colspan="6"></td></tr>
<tr><td>稀释倍数</td><td colspan="6"></td></tr>
<tr><td>稀释后溶液吸光度值</td><td colspan="6"></td></tr>
<tr><td colspan="2">说明</td><td colspan="5"></td></tr>
<tr><td colspan="2">接单时间</td><td></td><td>完成时间</td><td></td><td>接单人</td><td></td></tr>
</table>

（2）总磷标准曲线单点校准

<table>
<tr><td>项目名称</td><td>紫外-可见分光光度法测定
水中总磷的含量</td><td>项目依据或标准来源</td><td>GB 11893—89</td></tr>
<tr><td>任务名称</td><td colspan="3">总磷标准曲线单点校准</td></tr>
<tr><td>任务内容</td><td colspan="3">从原先自己已经建立好的总磷标准曲线中，选取曲线靠中间的点，按照对应的浓度配制总磷标准溶液，测定吸光度值，与原标准曲线的点进行对比，相对误差 RSD ≤ ±5% 即为合格。</td></tr>
</table>

续表

完成情况					
总磷标准曲线					
溶液	原标准曲线对应溶液			新配制的总磷溶液	
质量浓度 ρ（g/L）					
吸光度 A					
说明					
接单时间		完成时间		接单人	

（3）未知总磷样品的测定

项目名称	紫外-可见分光光度法测定 水中总磷的含量			项目依据或标准来源	GB 11893—89
任务名称	未知总磷样品的测定				
任务内容	用未知总磷样品润洗比色皿 3 次，装入待测液溶液，控制装液量在 1/2~2/3 处，样品置于光路中测量，测定总磷样品的吸光度。平行测定 3 组样品，同时测定质控样与空白样。				
完成情况					
未知总磷溶液的测定					
溶液	未知 1	未知 2	未知 3	空白样	质控样
质量浓度 ρ（g/L）					
吸光度 A					
未知样浓度					
质控样是否满足要求					
说明					
接单时间		完成时间		接单人	

评价反馈

1. 学习总结（收获、感受、注意事项）

2. 学习评价

序号	评价方式	赋分权重	得分小计
1	学生自评	20%	
2	学生互评	20%	
3	教师评价	60%	
得分合计			

能力拓展

紫外-可见分光光度计的常见问题及维护

1. 紫外-可见分光光度计的常见问题及解决办法

问题1：在使用过程中，出现数字显示不能归零，同时伴有图线记录基线位置偏高。

可能原因：①光电倍增等老化，性能降低；②信号处理板可能发生故障；③前置放大板出现故障，引起反馈量增大。

解决办法：①开机通电，先作记录故障曲线，再与原始记录的标准曲线对照，找出异同点，并作一下定性定能分析。然后用一只同型号规格的新光电倍增管替换机上的光电管，再开机实验，结果记录出来的图线并没有什么变化，由此证明光电倍增管没有老化变质；②进一步检查信号处理板，未发现信号处理板各元器件损坏，对影响灵敏度有关的电位器检测，结果测得数据正常，这说明信号处理板没有故障；③由以上分析，故障发生在前置级放大板可能性很大。应采用模拟测试对前置放大板进行测量，先利用直流稳压电源，把各供电电源加上，使其电路单独工作，用信号发生器发出的信号加到输入端。再用示波器接在输出端测量输出信号，将输入信号与输出信号对比，结果波形相同，说明电路没有故障。用相同方法对一个带驱动器的开关管测量，输入端加入信号后，用示波器未能测出输出端信号，判断开关管坏，换上同一型号规格的开关管，恢复正常。

问题2：仪器扫描样品时，显示一条直线。

可能原因：软件出现故障。

解决办法：退出操作系统，重新启动计算机，再次扫描。

问题3：紫外-可见分光光度计接通电源后，光源不亮。

可能原因：①光源灯泡已损坏；②保险管烧坏。

解决办法：更换氘灯或钨灯；更换保险管。

问题4：仪器噪音比较大。

可能原因：光源灯泡使用时间超过寿命期。

解决办法：更换光源灯泡。

问题 5：基线的某一段噪音特别高。

可能原因：波长段相应的滤光片受潮发霉，严重损失光的能量。

解决办法：更换相应的滤光片。

问题 6：仪器自检时提示通信错误。

可能原因：仪器与电脑之间的数据线没有连接好。

解决办法：连接好数据线，重新打开仪器和软件，重新自检。

问题 7：自检时提示波长自检出错。

可能原因：自检过程中可能打开过仪器样品室的盖子。

解决办法：关上仪器样品室盖子，重新自检。

问题 8：测试过程中提示能量太低。

可能原因：①光源灯泡使用时间超过寿命期；②样池中有不透光的东西挡住了光。

解决办法：更换光源灯泡；拿走挡光的物品。

2. 紫外-可见分光光度计的维护

在启动紫外-可见分光光度计之前，必须取出储存在样品室中的防潮剂。仪器正常运行和检查时，不得打开样品室盖；要求比色皿中的液体占总体积的 66%~80% 最好，不要放太多液体，以免液体漏出腐蚀仪器；正常检测时，需要确保比色皿干净，内壁的液滴需要用专业纸擦拭，切不可直接用手擦拭，容易对用户的手造成伤害。

紫外-可见分光光度计正常工作时，严禁在仪器表面放置液体溶剂。如有漏液，必须及时清洗。检测完成后，比色皿中的液体需要及时处理，用蒸馏水清洗干净，倒置晾干。之后，需要关闭仪器电源，将防潮剂放入样品室，做好防尘处理，待管理人员同意再离开。

当发现紫外-可见分光光度计的比色皿被污染时，如何解决？有以下两种解决方法。

（1）超声波清洗。当发现比色皿有污渍时，可以用 20 W 的玻璃仪器超声波清洗半小时，一般可以解决问题。但要特别注意不要用大功率超声波清洗比色皿，以免损坏比色皿。

（2）用洗液清洗。当发现比色皿有污渍时，可以用洗液清洗。但是，有些比色皿被染色并用乳液清洗并不能解决问题。例如，比色皿被强黏性物质（如木质素）或特别浓缩的样品染色，并凝结在比色皿的透光表面上。

从榜样中学习担当精神，把个人理想追求融入国家民族事业中的社会责任感和历史使命感，无论做任何事情，不能投机取巧，需要有脚踏实地的学习精神。

项目二　原子吸收分光光度法测定水中铜离子含量

学习任务

某自来水厂要对自来水中铜离子进行测定，监测饮用水中铜离子是否超标。通过查阅 GB 5749—2022《生活饮用水卫生标准》得知，饮用水中铜离子含量最大不能超过 1.0 mg/L。

参考 GB/T 7475—1987《水质铜、锌、铅、镉的测定原子吸收分光光度法》，小组讨论后，制定水中铜离子检验方案，准确测定水中铜的含量，并根据标准评定饮用水中铜离子含量是否符合标准。

任务一　原子吸收分光光度法测定水中铜离子的原理

任务描述

根据学习任务，测定饮用水中铜离子含量，查阅 GB/T 7475—1987《水质铜、锌、铅、镉的测定原子吸收分光光度法》，确定使用仪器，理解原子吸收分光光度法的工作原理。

学习目标

1. 知识目标

（1）了解原子吸收光谱产生的原理；

（2）掌握原子吸收光谱的特征；

（3）掌握原子吸收与元素浓度的关系。

2. 能力目标

能根据检测方法，选定检测仪器，熟悉原子吸收分光光度法测定水中铜离子的原理。

3. 素养目标

（1）养成科学严谨，一丝不苟的工作态度；

（2）培养分析问题、解决问题的能力。

获取信息

经大量科学研究可知，铜有极强的抗癌功能。世界卫生组织建议，为了保持健康，成人每千克体重每天应摄入 0.03 mg 铜，孕妇和婴幼儿应加倍。缺铜会引起各种疾病，可以服用含铜补剂和药丸来加以补充。铜在人体内含量约 100~150 mg，血清铜正常值 100~120 μg/dL，是人体中含量位居第二的必需微量元素。铜缺乏可引起如下疾病：

1. 贫血。一般最常见的临床表现为头晕、乏力、易倦、耳鸣、眼花。皮肤黏膜及指甲等颜色苍白，体力活动后感觉气促、心悸。严重贫血时，即使在休息时也出现气短和心悸，在心尖和心底部可听到柔和的收缩期杂音。

2. 骨骼改变。临床表现为骨质疏松，易发生骨折。

3. 冠心病。

4. 白癜风病。

5. 女性不孕症。缺铜会使神经系统的抑制过程失调，使神经系统处于兴奋状态而导致失眠，久而久之可发生神经衰弱。

任务解析

一、原子吸收分光光度法的特点及不足

原子吸收分光光度法是基于被测元素的基态原子在蒸气状态时对其共振辐射的吸收进行元素定量分析的一种仪器分析方法。原子吸收光谱分析法是一种十分重要的定量分析方法，可测定 70 多种元素，在化工、食品、医学、环境等领域具有广泛的应用。

1. 原子吸收分光光度法的特点

（1）检出限低、灵敏度高，FAAS 为 10^{-9} g/mL，石墨炉 AAS 为 10^{-10}~10^{-14} g；

（2）准确度高，相对误差 FAAS <1%，石墨炉 AAS 为 3%~5%；

（3）分析速度快，选择性好；

（4）应用范围广。

2. 原子吸收分光光度法的不足

多元素同时测定尚有困难；钨、硼、稀土、锆、铪、钍等的测定灵敏度还较低。

二、原子吸收光谱的产生

当有辐射通过自由原子蒸气，且入射辐射的能量等于原子中的电子由基态跃迁到较高能态（一般情况下都是第一激发态）所需要的能量时，原子就要从辐射场中吸收能量，产生共振吸收，电子由基态跃迁到激发态，同时伴随着原子吸收光谱的产生，如图 2–1 所示。由于原子能级是量子化的，因此，在所有的情况下，原子对辐射的吸收都是有选择性的。由于各元素的原

子结构和外层电子的排布不同，元素从基态跃迁至第一激发态时吸收的能量不同，因而各元素的共振吸收线具有不同的特征，如图 2–2 所示。

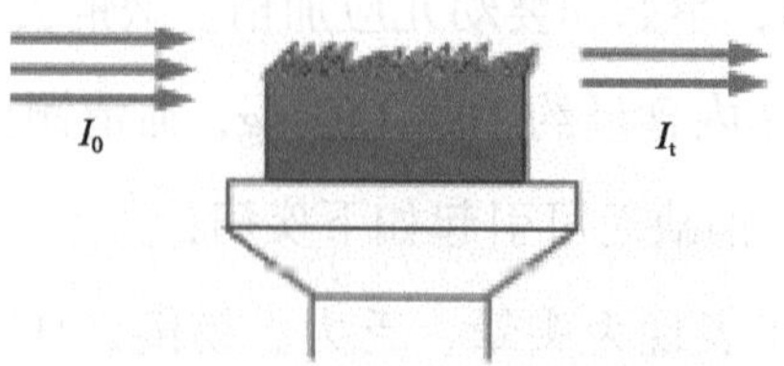

图 2-1　基态原子对光的吸收示意图

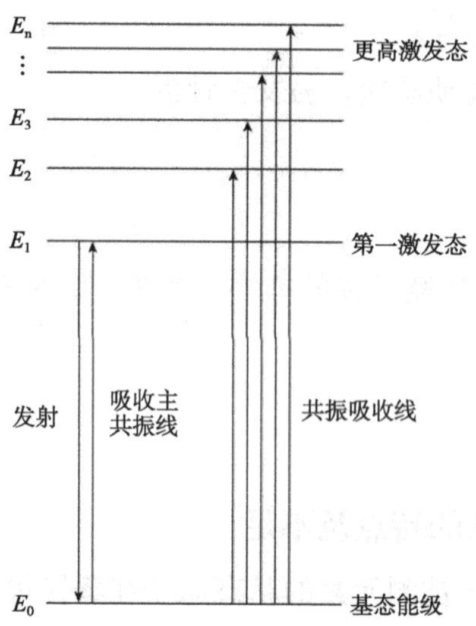

图 2-2　原子光谱的发射和吸收示意图

三、原子吸收光谱的特征

原子吸收光谱属于线状光谱，通常位于紫外可见区。对于一条吸收谱线，常用谱线的波长、谱线的轮廓表示，如图 2–3 所示。

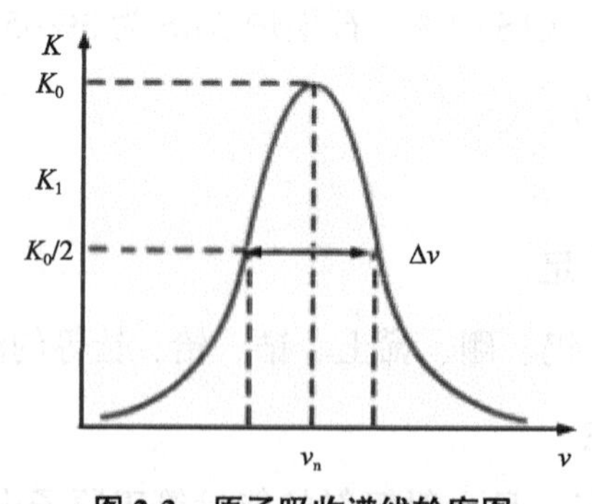

图 2-3　原子吸收谱线轮廓图

四、原子吸收值与元素浓度的关系

1. 积分吸收

在吸收轮廓内，将吸收系数对频率进行积分，积分吸收与单位体积原子蒸气中的基态原子数 N_0 成正比。

$$\int_{-\infty}^{+\infty} K_v \mathrm{d}v = \frac{\pi e^2}{mc} N_0 f$$

式中，e 为电子电荷，m 为电子质量，N_0 为单位体积原子蒸气中的基态原子数，f 为振子强度。

2. 峰值吸收

峰值吸收是指在峰值吸收系数 K_0 附近很窄的频率范围内所产生的吸收。可以用峰值吸收的测量来对待测组分进行定量分析。

为了测得峰值吸收，需要使用锐线光源。锐线光源是能发射出谱线宽度很窄的发射线的光源。光源必须满足如下条件：

（1）光源的发射线与吸收线的中心频率相重合；

（2）发射线的半宽度比吸收线的半宽度窄得多。

3. 原子吸收分光光度法定量分析的依据

只要保证样品的原子化效率恒定，在一定浓度范围和一定的吸光介质厚度 L 的情况下，原子数与待测元素的浓度成正比，符合朗伯-比尔定律，即物质产生的原子蒸气中，待测元素的基态原子对光源特征辐射谱线的吸收符合朗伯-比尔定律。

进行决策

引导问题 1. 查阅相关资料，掌握基本名词。

名词	概念
基态原子	
激发态原子	
锐线光源	
积分吸收	
峰值吸收	

引导问题 2. 在原子吸收中为什么要用锐线光源？

引导问题 3. 原子吸收光谱是如何产生的？

引导问题 4. 原子吸收分光光度法中，光源发出的特征谱线通过样品蒸气铜元素的（　　）吸收。

A. 离子　　B. 激发态原子　　C. 分子　　D. 基态原子

引导问题 5. 在原子吸收光谱中，谱线变宽的主要因素有哪些？

引导问题 6. 在下列诸多变宽因素中，影响最大的是（　　）。

A. 多普勒变宽　　B. 劳伦兹变宽　　C. 共振变宽　　D. 自然变宽

任务实施

1. 原子吸收分光光度法测定水中铜离子含量原理是什么？

2. 原子吸收分光光度法测定水中铜离子含量依据是什么？

3. 影响铜谱线变宽的因素有哪些？

评价反馈

1. 学习总结（收获、感受、注意事项）

2. 学习评价

序号	评价方式	赋分权重	得分小计
1	学生自评	20%	
2	学生互评	20%	
3	教师评价	60%	
得分合计			

能力拓展

原子吸收光谱法是根据基态原子对特征波长光的吸收，测定试样中待测元素含量的分析方法，简称原子吸收分析法。

早在 1859 年基尔霍夫就成功地解释了太阳光谱中暗线产生的原因，并应用于太阳外围大气组成的分析。但原子吸收光谱作为一种分析方法，却是从 1955 年澳大利亚物理学家 A.Walsh 发表了《原子吸收光谱在化学分析中的应用》的论文以后才开始的。这篇论文奠定了原子吸收光谱分析的理论基础。20 世纪 50 年代末 60 年代初，市场上出现了供分析用的商品原子吸收光谱仪。1961 年苏联的 B.BJbbob 提出了电热原子化吸收分析，大大提高了原子吸收分析的灵敏度。1965 年威尼斯（J.B.Willis）将氧化亚氮–乙炔火焰成功地应用于火焰原子吸收法，大大扩大了火焰原子吸收法的应用范围，自 20 世纪 60 年代后期开始“间接”原子吸收光谱法的开发，使得原子吸收法不仅可测金属元素，还可测一些非金属元素（如卤素、硫、磷）和一些有机化合物（如维生素 B12、葡萄糖、核糖核酸酶等），为原子吸收法开辟了广泛的应用领域。

近年来，计算机、微电子、自动化人工智能技术和化学计量等的发展，各种新材料与元器件的出现，大大改善了仪器性能，使原子吸收分光光度计的精度和准确度及自动化程度有了极大提高，使原子吸收光谱法成为元素痕量分析的灵敏、有效的方法之一，广泛地应用于各个领域。

原子吸收光谱分析就是将试液喷射成细雾与燃气混合后进入燃烧的火焰中，被测元素在火焰中转化为基态原子蒸气。气态的基态原子吸收从光源发射出的与被测元素基态原子吸收波长相同的特征谱线，使该谱线的强度减弱，在经分光系统分光后，由检测器吸收。产生的电信号，经放大器放大，由显示系统显示吸光度或光谱图。

原子吸收光谱法与紫外-可见吸收光谱法都是基于物质对紫外和可见光的吸收而建立起来的分析方法，属于吸收光谱分析，但它们吸光物质状态不同。原子吸收光谱分析中吸收物质是基态原子蒸气，而紫外-可见分光光度分析中的吸收物质是溶液中的分子或离子。原子吸收光谱是线状光谱，这是两种方法的主要区别。正是由于这种差别，它们所使用的仪器及分析方法都有许多不同之处。原子吸收光谱分析用的仪器称为原子吸收分光光度计或原子吸收光谱仪。

课外活动：某化工企业新购置一批橡胶，欲测定其铅含量，小组讨论，请根据所学知识选择合适的铅测定方法，并简述原理。

树立绿色发展理念，激发学习动力，在今后的科研或生产过程中自觉承担责任和担当，节约资源、保护环境，为国家和社会贡献自己的一份力。

任务二　原子吸收分光光度法测定水中铜离子含量的仪器认知

任务描述

根据学习任务，测定饮用水中铜离子含量，查阅 GB/T 7475—1987《水质铜、锌、铅、镉的测定原子吸收分光光度法》，确定使用仪器为原子吸收分光光度计，弄清楚原子吸收分光光度计的结构。

学习目标

1. 知识目标

（1）了解原子吸收光谱中原子化系统的分类及作用；

（2）掌握空心阴极灯的原理；

（3）掌握火焰原子化系统的结构及工作过程；

（4）掌握石墨原子化系统的结构及工作过程。

2. 能力目标

根据选定测定方法，分析检测仪器的结构。

3. 素养目标

（1）培养学生将理论教学内容联系实际，通过仪器构造的学习，培养学生探究精神。

（2）培养学生分析问题、解决问题的能力。

获取信息

定量分析指分析一个被研究对象所包含成分的数量关系或所具备性质间的数量关系。原子吸收分光光度法定量分析的依据是在一定浓度范围和一定的吸光介质厚度 L 的情况下，原子数与待测元素的浓度成正比，符合朗伯-比尔定律，即物质产生的原子蒸气中，待测元素的基态原子对光源特征辐射谱线的吸收符合朗伯-比尔定律。

任务解析

一、原子吸收分光光度计的组成

原子吸收分光光度计主要由光源（空心阴极灯）、原子化器、单色器与检测系统组成（如图 2–4）。

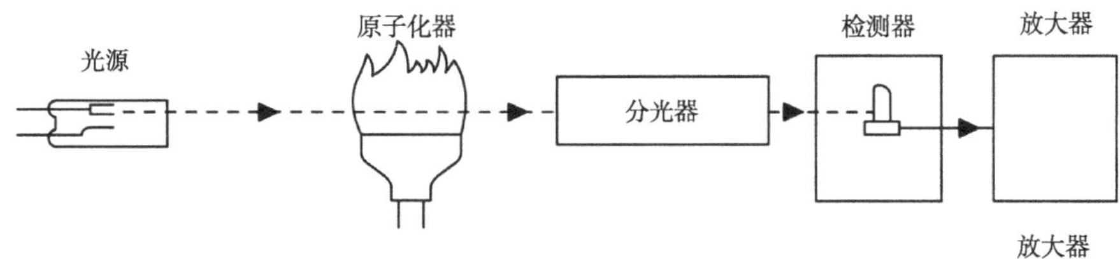

图 2-4　原子吸收分光光度计的组成

（一）空心阴极灯

1. 空心阴极灯的作用

空心阴极灯的作用是提供待测元素的特征谱线，其阴极由待测元素的纯金属或合金组成（如图 2–5）。光源应满足如下要求：

（1）能发射待测元素的共振线；

（2）能发射锐线光源；

（3）辐射光强度大；

（4）稳定性好。

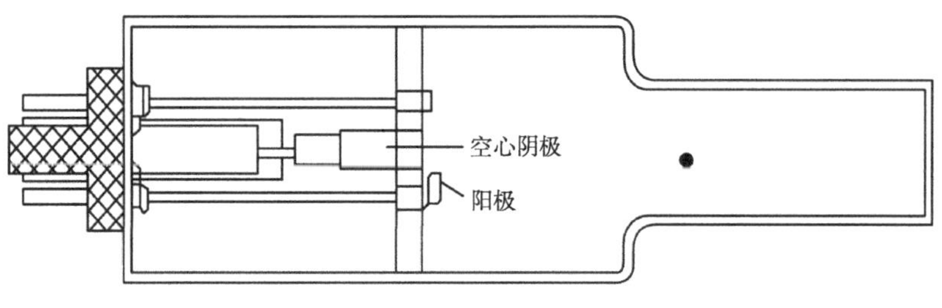

图 2-5　空心阴极灯

2. 空心阴极灯工作原理

当灯的正负极加以 400 V 电压时，便开始辉光放电。这时电子离开阴极，在飞向阳极的过程中，受到阳极加速，与惰性气体原子碰撞，并使之电离。带正电荷的惰性气体从电场获得动能，向阴极表面撞击，只要能克服金属表面的晶格能，就能将原子由晶格中溅射出来，从而产生阴极物质的共振线。由于灯内压力很低，压力变宽小，因而产生的共振线是锐线光源。

3. 空心阴极灯使用应注意问题

空心阴极灯强度与工作电流有关，过大的电流会使发射线半宽度增大，并缩短灯的使用寿命，使用时还必须注意供电电流稳定并经过预热（20~30 min）使发射强度达到稳定。

（二）原子化系统

原子化系统是将样品中的待测组分转化为基态原子的装置。常用的有火焰原子化系统和无火焰原子化系统（石墨炉原子化和氢化物原子化系统）。

1. 火焰原子化系统

火焰原子化系统是利用火焰的温度和气氛使试样原子化的装置。主要由喷雾器、雾化室和燃烧器三部分组成，如图 2–6。燃烧器有全消耗和预混合型两种。全消耗型燃烧器是将试液直接喷入火焰，也称紊流燃烧器。预混合型燃烧器也称层流燃烧器，它用喷雾器将试液雾化，在雾化器中除去较大雾滴后，再喷入火焰。一般原子吸收分光光度计中采用预混合型燃烧器。

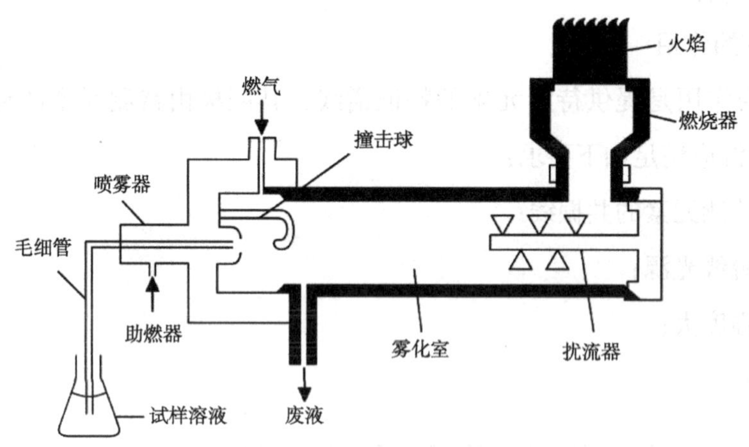

图 2-6　火焰原子化器示意图

（1）喷雾器

图 2–6 中的喷雾器是一种气动同心型喷雾器，它的作用是使试液雾化成细小的雾滴，生成雾滴随气流运动并被加速，形成粒子直径为微米级的气溶胶。气溶胶粒子的直径越小，在火焰中生成的基态原子就越多。

（2）雾化器

雾化器的作用是使气溶胶粒度更小，更均匀，使燃气、助燃气充分混匀，因此在雾化室中装有撞击球和扰流器。

雾化器的记忆效应要小，记忆效应也称残留效应，它是指将试样液喷雾后，立即用蒸馏水喷雾，仪器读数返回到零点或基线的时间。记忆效应小，仪器返回基线的时间就短。

为了降低记忆效应，雾化室内壁的浸水性要好；雾化器本身要稍有倾斜，便于让未雾化的废液排出，废液排除管需用水封，否则会引起火焰不稳定，甚至回火。

（3）燃烧器

燃烧器由不锈钢制成，有单缝和三缝燃烧器，常用的是单缝燃烧器。气溶胶进入燃烧器，在火焰中干燥、蒸发和原子化。对燃烧器的要求是火焰稳定、原子化效率高、吸收光程长和噪声小。燃烧器应能旋转一定角度，其高度能调节，便于选择适合的位置。

火焰由燃气（燃料气体）和助燃气燃烧而成。火焰按燃气和助燃气比例（燃助比）的不同，可分为化学计量火焰、富燃火焰和贫燃火焰三类。

①化学计量火焰：也称中性火焰，燃助比与化学计量关系接近。这类火焰层次清晰、温度高、稳定、干扰少。许多元素可采用这类火焰。以乙炔–空气为例，燃助比为1∶4。

②富燃火焰：燃助比超过化学计量火焰，以乙炔–空气为例，约3∶1，这类火焰中有大量燃气未完全燃烧，含有较多的碳，—CH等，故温度略低于化学计量火焰，具有还原性，适用于易形成难离解氧化物的元素的测定。

③贫燃火焰：燃助比小于化学计量火焰，以乙炔–空气为例，为1∶6，燃烧完全，氧化性强。由于助燃气充分，冷的助燃气带走火焰中的热量，火焰温度降低。适宜于易离解、易电离的元素，如碱金属元素的测定。

优点：火焰原子吸收法装置不太复杂，操作方便快速，测定精度好，已经成为完善和定型的方法，广泛用于常规分析。

缺点：雾化效率低，需要试样量多。

表2–1为几种常用火焰的特性。

表2-1　几种常用火焰的特性

燃气	助燃气	燃烧速度/（cm/s）	温度/℃
乙炔	空气	160~266（160）	2 400
乙炔	氧化亚氮	260	2 800
乙炔	氧气	800~2 480（1 100）	3 140
氢气	空气	320~440	2 045
氢气	氧化亚氮	390	2 690
氢气	氧气	900~3 680（2 000）	2 660
丙烷	空气	43	1 925

2. 石墨炉原子化系统

（1）石墨炉原子化器结构

石墨炉原子化器由电源、保护气系统、石墨管三部分组成，具体如图2–7。石墨管长约50 mm，内径5 mm。试样以溶液（5~100 μL）或固体（几毫克）放入石墨管中，在Ar或N_2惰性气体保护下分布，升温加热，使试样干燥，灰化（或分解）和原子化。

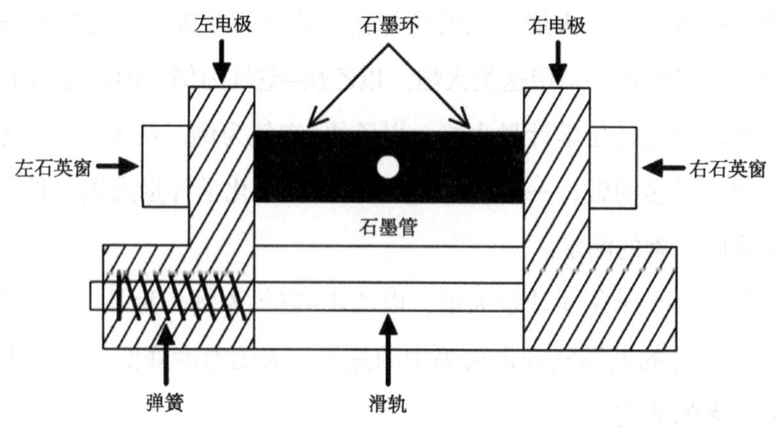

图 2-7　石墨炉结构图

（2）石墨炉原子化步骤

石墨炉原子化一般分为四个阶段，如图 2-8 所示。

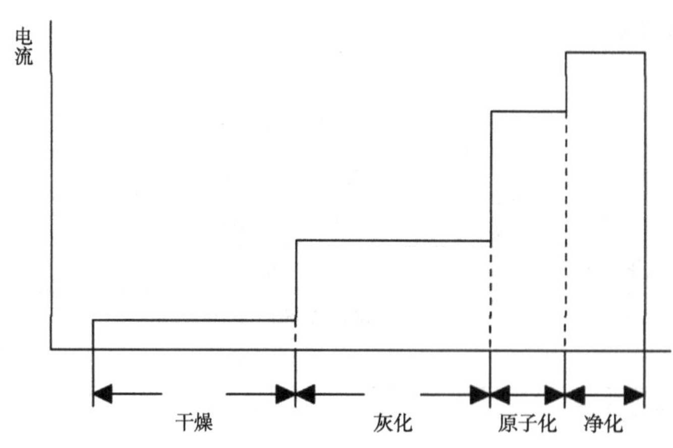

图 2-8　石墨炉原子化的四个阶段

①干燥：目的是蒸发除去溶剂或样品中挥发性较大的组分。

②灰化：目的是在不损失被测元素的前提下，将沸点较高的基体蒸发除去，或是对脂肪和油等基体物质进行热解。

③原子化：施加大功率于石墨炉上，使待测残渣原子化。

④净化：用较高温度除去残留在管内的残渣。

（三）分光系统

1. 作用

将待测元素的共振线与邻近线分开。

2. 组件

色散元件（棱镜、光栅），凹凸镜、狭缝等。

分光系统是将所需要的共振吸收线分离出来。分光器的关键部件是色散元件，现在商品仪器都是使用光栅。光栅放置在原子化器之后，以阻止来自原子化器内的所有不需要的辐射进入检测器。

（四）检测系统

主要由检测器（如光电倍增管）、放大器、对数变换器（光强度与吸光度之间的转换）、显示记录装置组成。

进行决策

引导问题 1. 原子吸收分光光度计中，为什么单色器位于火焰之后，而紫外分光光度计中单色器位于试样之前？

引导问题 2. 简述石墨原子化器的工作过程。

引导问题 3. 元素原子化的方法有哪些？

引导问题 4. 与石墨炉原子化器比较，火焰原子化器的优点是（　　）。

A. 试样量少　　B. 操作简便快速　　C. 灵敏度高　　D. 原子化效率高

引导问题 5. 将待测组份转化为基态原子的装置是（　　）。

A. 光源　　B. 单色器　　C. 检测器　　D. 原子化器

引导问题 6. 在高温原子化器内，如不通入 N_2 或 Ar 气，能进行升温测定吗？

引导问题 7. 原子吸收分光光度计的分光系统，可获得待测原子的单色光吗？

任务实施

1. 火焰原子化器与石墨原子化器主要区别有哪些？

2. 火焰原子吸收分光光度计有哪些优点？

3. 石墨原子吸收分光光度计有哪些优点？

评价反馈

1. 学习总结（收获、感受、注意事项）

2. 学习评价

序号	评价方式	赋分权重	得分小计
1	学生自评	20%	
2	学生互评	20%	
3	教师评价	60%	
得分合计			

能力拓展

原子吸收分光光度计的类型和主要性能

原子吸收分光光度计按光束形式可分为单光束和双光束两类，按波道数目又有单道、双道和多道之分。目前使用比较广泛的是单道单光束和单道双光束原子吸收分光光度计。

1. 单道单光束型

“单道”是指仪器只有一个光源，一个单色器，一个显示系统，每次只能测一种元素。

“单光束”是指从光源发出的光仅以单一光束的形式通过原子化器、单色器和检测系统，如图 2–9。

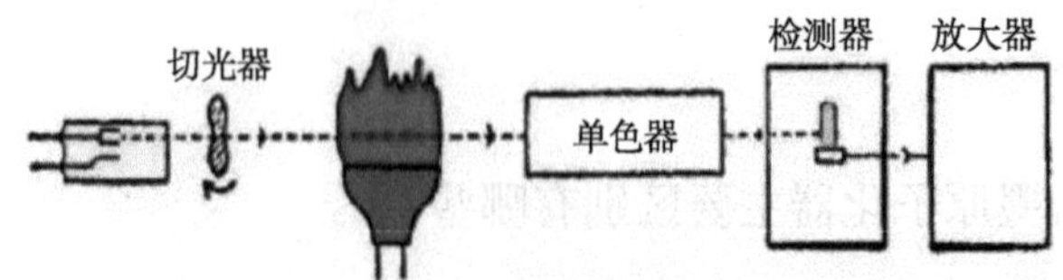

图 2-9　单道单光束原子吸收分光光度计光学系统示意图

这类仪器简单，操作方便，体积小，价格低，能满足一般原子吸收分析的要求。其缺点是不能清除光源波动造成的影响，基线漂移。国产 WYX–1 A、WYX–1B、WYX–1 C、WYX–1D 等 WYX 系列和 360、360M、360CRT 系列等均属于单道单光束仪器。

2. 单道双光束型

“双光束”是指从光源发出的光被切光器分成两束强度相等的光，一束为样品光束通过原子化器被基态原子部分吸收；另一束只作为参比光束不通过原子化器，其光强度不被减弱。两束光被原子化器后面的反射镜反射后，交替地进入同一单色器和检测器。检测器将接收到的脉冲信号进行光电转换，并由放大器放大，最后由读出装置显示，如图 2–10。

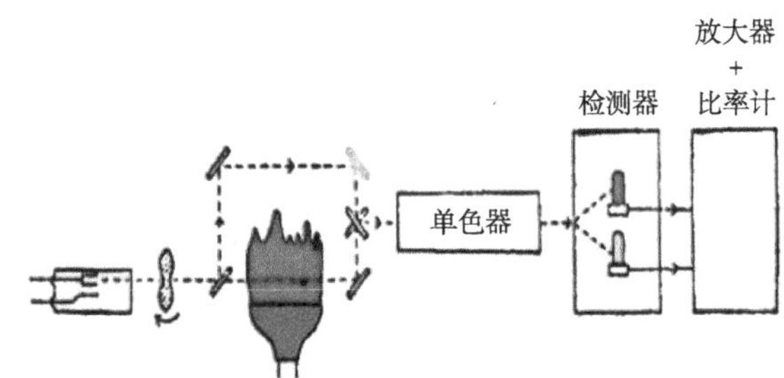

图 2-10　单道双光束型原子吸收分光光度计光学系统示意图

由于两束来源于同一个光源，光源的漂移通过参比光束的作用而得到补偿，所以能获得一个稳定的信号。不过由于参比光束不通过火焰，火焰扰动和背景吸收影响无法消除。国产 310 型、320 型、GFU–201 型、WFX– Ⅱ型均属此类仪器。

3. 双道单光束型

“双道单光束”是指仪器有两个不同的光源，两个单色器，两个检测显示系统，而光束只有一路，如图 2–11。

两种不同元素的空心阴极灯发射出不同波长的共振发射线，两条谱线同时通过原子化器，被两种不同元素的基态原子蒸气吸收，利用两套各自独立的单色器和检测器，对两路光进行分光和检测，同时给出两种元素检测结果。这类仪器一次可测两种元素，并可进行背景吸收扣除。

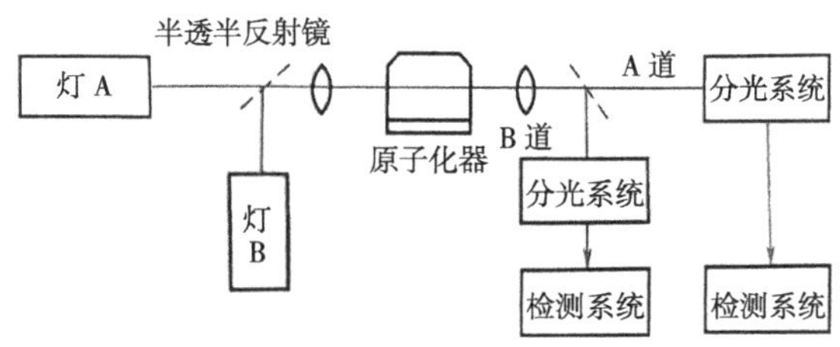

图 2-11　双道单光束型仪器光学系统示意图

4. 双道双光束型

这类仪器有两个光源，两套独立的单色器和检测显示系统。但每一光源发出的光都分为两个光束，一束为样品光束，通过原子化器；另一束为参比光束，不通过原子化器，如图 2–12。

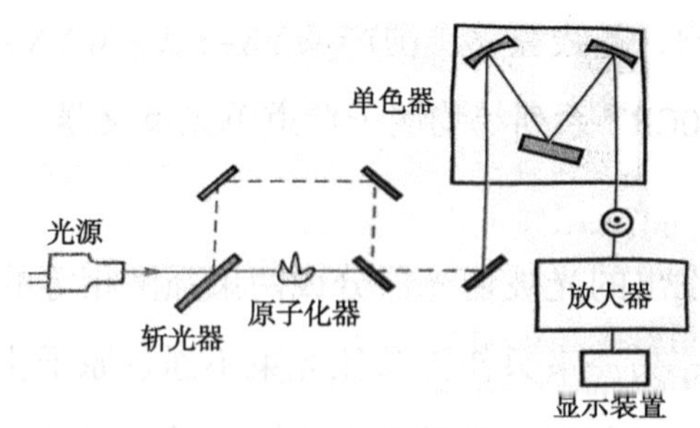

图 2-12　双道双光束型仪器光学系统示意图

这类仪器可以同时测定两种元素，能消除光源强度波动的影响及原子化系统的干扰，准确度高，稳定性好，但仪器结构复杂。

多道原子吸收分光光度计可用来同时测定多种元素。

目前，美国 PE 公司推出的 SIM6000 多元素同时分析原子吸收光谱仪，以新型四面体中阶梯光栅取代普通光栅单色器，获取二维光谱。以光谱响应的固体检测器替代光电倍增管取得了同时检测多种元素的理想效果。

爱岗敬业要求做到正确认识职业，树立职业荣誉感；热爱工作，敬重职业；安心工作，任劳任怨；严肃认真，一丝不苟；忠于职守，尽职尽责。

任务三　原子吸收分光光度法测定水中铜离子的定量分析方法

任务描述

根据学习任务，测定饮用水中铜离子含量，查阅 GB/T 7475—1987《水质铜、锌、铅、镉的测定原子吸收分光光度法》，确定使用仪器为原子吸收分光光度计，学会原子吸收分光光度计的操作步骤。

学习目标

1. 知识目标

（1）掌握原子吸收分光光度计定量分析的方法；

（2）熟悉标准曲线法绘制步骤；

（3）熟悉标准加入法绘制步骤。

2. 能力目标

（1）能根据绘制铜离子的标准曲线判断铜离子浓度；

（2）能利用标准加入法判定铜离子浓度。

3. 素养目标

（1）培养学生将理论教学内容联系实际，通过仪器操作的学习，培养学生的探究精神；

（2）培养学生分析问题、解决问题的能力。

获取信息

定性分析是确定物质（化合物）的组分、结构等的方法。定量分析是一种化学分析，用于确定样品中某种成分的含量。定性分析与定量分析应该是统一的，相互补充的；定性分析是定量分析的基本前提，没有定性的定量是一种盲目的、毫无价值的定量；定量分析使定性分析更加科学、准确，它可以促使定性分析得出广泛而深入的结论。

原子吸收分光光度法常用的定量分析方法有标准曲线法和标准加入法。

任务解析

一、标准曲线法

配制一系列浓度递增的标准溶液，由低到高依次测定其吸光度，作 A~C（m）关系曲线（标准曲线），在相同条件下测定试样的吸光度 A_x，在标准曲线上查出对应的浓度值，或由标准样品数据获得线性方程，将测定样品的吸光度 A_x 代入方程计算浓度。

标准曲线法简便、快速，但仅适用于组成简单的样品。

注意事项：

（1）在高浓度时，标准曲线易向下弯曲。所以配制的标准溶液的浓度，应在吸光度浓度呈线性关系的范围内；

（2）对于复杂样品的测定，可能会因基体效应而产生较大的误差，所以标准溶液和样品溶液都应进行相同的预处理；

（3）为较少误差，应扣除空白值；

（4）在整个分析过程中操作条件应保持不变。

二、标准加入法

当样品中被测元素成分很少，基体成分复杂，难以配制与样品组成相似的标准溶液时，可采用标准加入法。

取两份等体积样品，分别置于等体积的容量瓶 A 和 B 中，另取一定量的标准溶液加入 B 中，然后将两份溶液稀释至刻度，在相同条件下测定 A 和 B 溶液的吸光度。设样品中待测元素（稀释后容量瓶 A 中）的浓度为 C_x，加入标准溶液（稀释后容量瓶 B 中）的浓度为 C_0，A 和 B 溶液的吸光度分别为 A_x、A_0，则可得

$$A_x=kC_x,$$

$$A_0=k（C_0+C_x）$$

由上两式得

$$C_x=C_0\cdot\frac{A_x}{A_0-A_x}$$

取若干份体积相同的试液（C_x），依次按比例加入不同量的待测物的标准溶液（C_0），定容后浓度依次为：C_x，C_x+C_0，C_x+2C_0，C_x+3C_0，C_x+4C_0，…

测得吸光度为 A_x，A_1，A_2，A_3，A_4，…

以 A 对浓度 C 作图得一直线，如图 2-13，图中 C_x 点即待测溶液浓度。

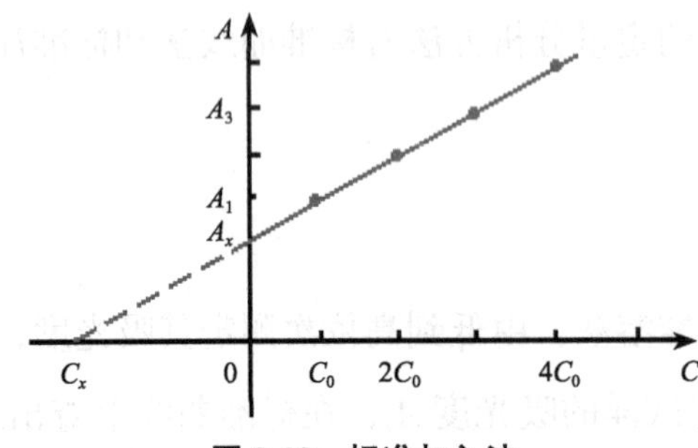

图 2-13　标准加入法

注意事项：

（1）待测元素的浓度与其对应的吸光度应呈线性关系；

（2）为了得到较为准确的外推结果，最少采用四个点（包括试液本身）来做外推曲线；

（3）本法能消除基体效应带来的影响，但不能消除背景吸收的影响；

（4）对于斜率太小的曲线（灵敏度差），容易产生较大的误差。

进行决策

引导问题 1. 当样品中被测元素成分很少，基体成分复杂，难以配制与样品组成相似的标准溶液时，可采用（　　）。

A. 标准曲线法　　B. 标准加入法　　C. 配位滴定法　　D. 重量法

引导问题 2. 为了得到较为准确的外推结果，最少采用（　　）个点（包括试液本身）来做外推曲线。

A. 三　　B. 四　　C. 五　　D. 六

引导问题 3. 请判断：在高浓度时，标准曲线易向下弯曲。所以配制的标准溶液的浓度，吸光度在浓度呈线性关系的范围内。（　　）

引导问题 4. 请判断：标准加入法待测元素的浓度与其对应的吸光度应呈线性关系。（　　）

任务实施

1. 配制铜标准系列溶液。

2. 测定铜标准系列溶液的吸光度值。

3. 绘制定铜标准系列溶液的标准曲线。

评价反馈

1. 学习总结（收获、感受、注意事项）

2. 学习评价

序号	评价方式	赋分权重	得分小计
1	学生自评	20%	
2	学生互评	20%	
3	教师评价	60%	
得分合计			

能力拓展

如何选购原子吸收分光光度计

原子吸收分光光度法亦称原子吸收光谱法，在我国已得到广泛应用，其中不少元素已被列为各个行业的标准分析法。很多单位筹建原子吸收分光光度法实验室时，就会自然而然产生如何选购原子吸收分光光度计等问题。

1. 原子化器的分类

原子化器主要有两大类，即火焰原子化器和电热原子化器。火焰有多种火焰，目前普遍应用的是空气-乙炔火焰。电热原子化器普遍应用的是石墨炉原子化器，因而原子吸收分光光度计有火焰原子吸收分光光度计和带石墨炉的原子吸收分光光度计两种类型。前者原子化的温度在 2 100~2 400 ℃之间，后者在 2 900~3 000 ℃之间。

火焰原子吸收分光光度计，利用空气-乙炔测定的元素可达 30 多种，若使用氧化亚氮-乙炔火焰，测定的元素可达 70 多种。但氧化亚氮-乙炔火焰安全性较差，应用不普遍。空气-乙炔火焰原子吸收分光光度法，一般可检测到 PPm 级（10^{-6}），精密度 1% 左右。

国产的火焰原子吸收分光光度计都可配备各种型号的氢化物发生器（属电加热原子化器），利用氢化物发生器，可测定砷（As）、锑（Sb）、锗（Ge）、碲（Te）等元素。一般灵敏度在 ng/mL 级（10^{-9}），相对标准偏差 2% 左右。汞（Hg）可用冷原子吸收法测定。

带石墨炉的原子吸收分光光度计，可以测定近 50 种元素。石墨炉法，进样量少，灵敏度高，有的元素也可以分析到 pg/mL 级。

2. 基本部件组成及价位

原子吸收分光光度计一般由四大部分组成，即光源（单色锐线辐射源）、试样原子化器、单色仪和数据处理系统（包括光电转换器及相应的检测装置）。

用户要根据自己的工作需要选择的档次。首先要确定的是，购买火焰原子吸收分光光度计，还是带石墨炉的原子吸收分光光度计。两者价格差别较大，一般国产火焰原子吸收分光光度计一套（自动化程度不同）4 万 ~ 10 万元不等，进口产品 20 万 ~ 50 万元不等。带石墨的原子吸收分光光度计，国产的一般 10 万 ~ 15 万元，进口的 40 万 ~ 60 万元不等。

3. 选型原则

（1）首先要明确需要检测的元素种类是什么，原子吸收主要用来检测的元素种类是微量 / 痕量金属元素及很少种类的非金属元素，明确了需要检测的元素种类之后就可以根据以下的原则来选择型号了。

（2）其次要明了需要检测元素的大约含量，原子吸收主要用来检测的元素种类是微量 / 痕量金属元素及很少种类的非金属元素，如果含量很高（接近树脂达到常量）则建议选择其他仪器。

①如果需要检测的样品的含量在 PPM 级别上，且不含高熔点元素，则选配标准配置 / 单火焰型即可；

②如果需要检测的样品的含量在 PPB 级别上，则需要选配带石墨炉的型号。强调一点，除了砷、硒、汞等个别的低熔点元素以外，其他的元素（包含普通火焰法检测的元素）也都可以用石墨炉来检测。在实践中石墨炉用来检测高熔点元素及其他的含量在 PPB 级别上的元素。

（3）如果选择了普通火焰法的型号，则还要注意一个问题，即以后检测元素扩展的种类问题，如果以后可能增加的元素种类都是普通火焰法可以检测的，那么以后只需购买检测元素的空心阴极灯即可；如果以后可能增加的元素种类都是需要用石墨炉法才可以检测的，那么在选择型号的时候就需要考虑采购有石墨炉接口的设备。

（4）最后一个问题是关于在使用原子吸收过程中充分利用样品的浓缩和高倍稀释问题，当样品稍微低于原子吸收检出线时，可以选择用蒸发试样里面水分的方法来提高浓度，以达到仪器的检测要求；相反则可以选择用高倍稀释试样的方法来降低浓度，以达到仪器的检测要求；无论是浓缩还是高倍稀释对于实验人员都提出了较高的要求，不要作为常法使用，只作为一种变更的备选方法。

4. 国内技术现状

目前火焰型仪器国内技术已经成熟，就分析的灵敏度、检出限精密度来讲，国内厂家都符合国家标准，个别技术指标已达到或超过国外同类型仪器。各厂家在技术上无大的区别。只是自动化程度、辅助功能有所区别。

石墨炉原子吸收法有以下几个特点，一是温度高，可做高温元素（即原子化温度高的元素），如：Si、Al、Ba、Mo、W、Be、Zr等；二是灵敏度高，一般比火焰法高3~5数量级，适合做痕量分析；三是试样量少，一般在微升（μL）级。但是，仪器操作复杂，分析成本相对较高，特别是当不使用自动进样器，由手工进样时，对操作人员的技艺要求较高。

目前国内石墨炉、电源及自动进样器都有厂家生产。但和国外厂家相比，自动化程度和仪器的可靠性都存在较大差距。

另外，由于石墨炉原子吸收背景吸收较大，必须扣背景，目前，常用的扣背景方式有以下几种：一是氘灯扣背景，它可以在190~350 nm间扣到0.7 A；二是塞曼效应扣背景，这种方法扣除背景的效率较高，据报道高达1.9 A背景均可得到扣除；三是自吸扣背景，相应的仪器有带氘灯扣背景的石墨炉原子吸收和既有氘灯扣背景又有自吸效应扣背景的原子吸收，也有塞曼效应原子吸收仪器。

严格执行标准和规范作业，按操作流程进行作业，追求精益求精的工匠精神，培养分工协作、互助友爱的团队精神，形成自主学习、分析问题和解决问题的意识和能力。

任务四　原子吸收分光光度法测定水中铜离子含量的条件选择

任务描述

根据学习任务，测定饮用水中铜离子含量，查阅 GB/T 7475—1987《水质 铜、锌、铅、镉的测定 原子吸收分光光度法》，确定使用仪器为原子吸收分光光度计，会选择测定水中铜离子的条件。

学习目标

1. 知识目标

（1）掌握原子吸收分光光度计测定条件选择依据；

（2）熟悉原子吸收分光光度计测定铜离子的条件。

2. 能力目标

（1）会选择原子吸收分光光度计测定铜离子的条件；

（2）能正确判定铜离子的正确进入量。

3. 素养目标

（1）培养学生将理论教学内容联系实际，通过选择最佳测定条件，培养学生探究精神；

（2）培养学生分析问题、解决问题的能力。

获取信息

试样的制备

一、取样

试样制备的第一步是取样，取样要有代表性。取样量大小要适当，取样量过小不能保证必要的测定精度和灵敏度，取样量太大，增加了工作量和实际的消耗量。取样量大小取决于试样中被测元素的含量、分析方法和所要求的测量精度。

样品在采样、包装、运输、碎样等过程中要防止污染，污染是限制灵敏度和检出限的重要原因之一。污染主要来源于容器、大气、水和所用试剂。如用橡胶布、磁漆和颜料对固体样品编号时，可能引入 Zn、Pb 等元素；利用碎样机碎样时，可能引入 Fe、Mn 等元素；使用玻璃、玛瑙等制成的研钵制样，可能会引入 Si、Al、Ca、Mg 等元素。对于痕量元素还要考虑大气污染。在普通的化验室中，空气中常含有 Fe、Ca、Mg、Si 等元素，而大气污染一般来说很难校正。样品通过加工制成分析试样后，其化学组成必须与原始样一致。试样存放的容器材质要根据测定要求而定，对不同容器应采取各自合适的洗涤方法洗净。无机样品溶液应置于聚氯乙烯容器中，并维持必要的酸度，存放于清洁、低温、阴暗处；有机试样存放时应避免与塑料、胶木瓶盖等物质直接接触。

二、样品预处理

原子吸收光谱分析通常是溶液进样，被测样品需要事先转化为溶液样品。其处理方法与通常的化学分析相同，要求试样分解完全，在分解过程中不引入杂质和造成待测组分的损失，所用试剂及反应产物对后续测定无干扰。

1. 样品的溶解

对无机试样，首先考虑能否溶于水，如能溶于水，应首选去离子水为溶剂来溶解样品，并配成合适的浓度范围。若样品不能溶于水，则考虑用稀酸、浓酸或混合酸处理后配成合适浓度的溶液。常用的酸有 HCl、H_2SO_4、H_3PO_4、$HClO_4$，H_3PO_4 常与 H_2SO_4 混合用于某些合金试样的溶解，氢氟酸常与另一种酸生成氟化物而促进溶解。用酸不能溶解或溶解不完全的样品采用熔融法。溶剂的选择原则是：酸性试样用碱性溶剂，碱性试样用酸性溶剂。常用的酸性溶剂有 $NaHSO_4$、$KHSO_4$、$K_2S_2O_7$、酸性氟化物等。常用的碱性溶剂有 Na_2CO_3、K_2CO_3、NaOH、Na_2O_2、$LiBO_2$（偏硼酸锂）、$Li_2B_4O_7$（四硼酸锂），其中偏硼酸锂和四硼酸锂应用广泛。

2. 样品的灰化

灰化又称消化，灰化处理可除去有机物基体。灰化处理分为干法灰化和湿法灰化两种。

（1）干法灰化

干法灰化是在较高温度下，用氧来氧化样品。具体做法是：准确称取一定量样品，放在石英坩埚或铂坩埚中，于 80~150 ℃低温加热，赶去大量有机物，然后放于高温炉中，加热至 450~550 ℃进行灰化处理。冷却后再将灰分用 HNO_3，HCl 或其他溶剂进行溶解。如有必要，则加热溶解以使残渣溶解完全，最后转移到容量瓶中，稀释至标线。干法灰化技术简单，可处理大量样品，一般不受污染，广泛用于无机分析前破坏样品中有机物。这种方法不适于易挥发元素，如 Hg、As、Pb、 Sn、 Sb 等的测定，因为这些元素在灰化过程中损失严重。对于 Bi、Cr、Fe、Ni、V 和 Zn 来说，在一定条件下可能以金属氯化物或有机金属化合物形式而损失掉。

干法灰化有时可加入氧化剂帮助灰化。在灼烧前加少量盐溶液润湿样品，或加几滴酸，或加入纯 $Mg(NO_3)_2$、醋酸盐作灰化基体，可加速灰化过程和减少某些元素的挥发损失。

已有一种低温干法灰化技术，它是在高频磁场中通入氧，氧被活化，然后将这种活化氧通过被灰化的有机物上方，可以使其在低于 100 ℃的温度下氧化。这种技术的优点是能保留样品的形态，并减少由于样品的挥发造成的损失，从容器或大气中引入的污染也较少。

（2）湿法灰化

湿法灰化是在样品升温下用合适的酸加以氧化。最常用的氧化剂有：HNO_3、H_2SO_4 和 $HClO_4$，它们可以单独使用也可以混合使用，如 HNO_3+HCl、HNO_3+HClO_4 和 $HNO_3+H_2SO_4$ 等，其中最常用的混合酸是 $HNO_3+H_2SO_4+HClO_4$（体积比为 3 ∶ 1 ∶ 1）。湿法灰化样品损失少，不过 Hg、Se、As 等易挥发元素不能完全避免。湿法灰化时由于加入试剂，故污染可能性比干法灰化大，而且需要小心操作。

目前，微波消解样品法已被广泛采用。无论是地质样品，还是有机样品，微波消解均可获得满意结果。采用微波消解法，可将样品放在聚四氟乙烯焖罐中，于专用微波炉中加热，这种方法样品消解快、分解完全、损失少，适合大批量样品的处理工作，对微量、痕量元素的测定结果好。

塑料类和纺织类样品的溶解，应根据样品的性质，合理选择方法。如聚苯乙烯、乙醇纤维、乙醇丁基纤维可溶于甲基异丁基酮中。聚丙烯酸酯可溶于二甲基甲酰胺中。聚碳酸酯、聚氯乙烯可溶于环已酮中。聚酰胺（尼龙）可溶于甲醇中，聚酯也可溶于甲醇中。羊毛可溶于质量浓度为 $50\ g\cdot L^{-1}$NaOH 中。棉花与纤维可溶于质量分数为 12% 的 H_2SO_4 中。

三、被测元素的分离与富集

分离共存干扰组分同时使被测组分得到富集是提高痕量组分测定相对灵敏度的有效途径。目前常用的分离与富集方法有沉淀和共沉淀法、萃取法、离子交换法、浮选分离富集技术、电解预富集技术及应用泡沫塑料、活性炭等吸附技术。其中应用较普遍的是萃取和离子交换法。

标准溶液的配制

标准样品的组成要尽可能接近未知试样的组成。标准溶液通常使用各元素合适的盐类来配制，当没有合适的盐类可供使用时，也可直接溶解相应的高纯（99.99%）金属丝、棒、片于合适的溶剂中，然后稀释成所需浓度范围的标准溶液，但不能使用海绵状金属或金属粉末来配制。金属在溶解之前，要磨光并用稀酸清洗，以除去表面的氧化层。

非水标准溶液可将金属有机物溶于适宜的有机溶剂中配制（或将金属离子转变成可萃取的化合物），用合适的溶剂萃取，通过测定水相中的金属离子含量间接加以标定。

当标准溶液的浓度低于 $0.1\ mg\cdot mL^{-1}$ 时，应先配成比使用浓度高 1~3 个量级的浓溶液（大于 $1\ mg\cdot mL^{-1}$）作为储备液，然后经稀释配成。储备液配制时一般要维持一定酸度，以免器皿表面吸附。配好的储备液应储于聚四氟乙烯、聚乙烯或硬质玻璃容器中。浓度很小（小于 $1\ \mu g\cdot mL^{-1}$）的标准溶液不稳定，使用的时间不应超过 1~2 d。表 3–2 列出了常用标准溶液的配制方法。

表 3-2 常用标准溶液的配制方法

金属	基准物	配制方法（浓度 mg·mL^{-1}）
Ag	金属银（99.99%）	溶解 1.000 g 银于 20 mL（1+1）硝酸中，用水稀释至 1 L
	$AgNO_3$	溶液 1.575 g 硝酸银于 50 mL 水中，加 10 mL 浓硝酸，用水稀释至 1 L
Au	金属金	将 0.100 0 g 金溶解于数毫升王水中，在水浴上蒸干，用盐酸和水溶解，稀释至 100 mL，盐酸浓度约为 1 mol·L^{-1}
Ca	$CaCO_3$	将 2.497 2 g 在 110 ℃烘干过的碳酸钙溶于 1 ∶ 4 的硝酸中，用水稀释至 1 L
Cd	金属镉	溶解 1.000 g 金属镉于（1+1）硝酸中，用水稀释至 1 L
Co	金属钴	溶解 1.000 g 金属钴于（1+1）盐酸中，用水稀释至 1 L
Cr	$K_2Cr_2O_7$	溶解 2.829 g 重铬酸钾于水中，加 20 mL 硝酸，用水稀释至 1 L
	金属铬	溶解 1.000 g 金属铬于（1+1）盐酸中，加热使之溶解，完全冷却，用水稀释至 1 L

标准溶液的浓度下限取决于检出限，从测定精度的观点出发，合适的浓度范围应该是在能产生 0.2~0.8 吸光度或 15%~65% 透光率之间的浓度。

任务解析

原子吸收分光光度分析中，测定条件的选择，对测定的灵敏度、准确度和干扰情况等有很大的影响。

一、分析线的选择

通常选用共振吸收线为分析线，测定高含量元素时，可以选用灵敏度较低的非共振吸收线为分析线。As，Se 等共振吸收线位于 200 nm 以下的远紫外区，火焰组分对其有明显吸收，故用火焰原子吸收法测定这些元素时，不宜选用共振吸收线为分析线。表 3–3 列出了常用的元素分析线。

表 3-3 原子吸收分光光度法中常用的元素分析线

元素	λ/nm	元素	λ/nm	元素	λ/nm
Ag	328.07，338.29	Hg	253.65	Ru	349.89，372.80
Al	309.27，308.22	Ho	410.38，405.39	Sb	217.58，206.83
As	193.64，197.20	In	303.94，325.61	Sc	391.18，402.04
Au	242.80，267.60	Ir	209.26，208.88	Se	196.09，203.99
B	249.68，249.77	K	766.49，769.90	Si	251.61，250.69
Ba	553.55，455.40	La	550.13，418.73	Sm	429.67，520.06
Be	234.86	Li	670.78，323.26	Sn	224.61，520.69
Bi	223.06，222.83	Lu	335.96，328.17	Sr	460.73，407.77
Ca	422.67，239.86	Mg	285.21，279.55	Ta	271.47，277.59
Cd	228.80，326.11	Mn	279.48，403.68	Tb	432.65，431.89

续表

元素	λ/nm	元素	λ/nm	元素	λ/nm
Ce	520.00，369.70	Mo	313.26，317.04	Te	214.28，225.90
Co	240.71，242.49	Na	589.00，330.30	Th	371.90，380.30
Cr	357.87，359.35	Nb	334.37，358.03	Ti	364.27，337.15
Cs	852.11，455.54	Nd	463.42，471.90	Tl	276.79，377.58
Cu	324.75，327.40	Ni	232.00，341.48	Tm	409.40
Dy	421.17，404.60	Os	290.91，305.87	U	351.46，358.49
Er	400.80，415.11	Pb	216.70，283.31	V	318.40，385.58
Eu	459.40，462.72	Pd	247.64，244.79	W	255.14，294.74
Fe	248.33，352.29	Pr	495.14，513.34	Y	410.24，412.83
Ga	287.42，294.42	Pt	265.95，306.47	Yb	398.80，346.44
Gd	386.41，407.87	Rb	780.02，794.76	Zn	213.86，307.59
Ge	265.16，275.46	Re	346.05，346.47	Zr	360.12，301.18
Hf	307.29，286.64	Rh	343.49，339.69	—	—

二、狭缝宽度的选择

狭缝宽度影响光谱通带宽度与检测器接受的能量。原子吸收光谱分析中，光谱重叠干扰的概率小，可以允许使用较宽的狭缝。调节不同的狭缝宽度，测定吸光度随狭缝宽度而变化，当有其他的谱线或非吸收光进入光谱通带内，吸光度将立即减小。不引起吸光度减小的最大狭缝宽度，即为应选取的合适的狭缝宽度。

三、空心阴极灯工作电流的选择

空心阴极灯一般需要预热 10~30 min 才能达到稳定输出。灯电流过小，放电不稳定，故光谱输出不稳定，且光谱输出强度小；灯电流过大，发射谱线变宽，导致灵敏度下降，校正曲线弯曲，灯寿命缩短。选用灯电流的一般原则是，在保证有足够强且稳定的光强输出条件下，尽量使用较低的工作电流。通常以空心阴极灯上标明的最大电流的 1/2~2/3 作为工作电流。在具体的分析场合，最适宜的工作电流由实验确定。

四、原子化条件的选择

在火焰原子化法中，火焰类型和特性是影响原子化效率的主要因素。对低、中温元素，使用空气-乙炔火焰；对高温元素，采用氧化亚氮-乙炔高温火焰；对分析线位于短波区 200 nm 以下的元素，使用空气-氢火焰是合适的。对于确定类型的火焰，一般说来，稍富燃的火焰（燃气量大于化学计量）是有利的。对氧化物不十分稳定的元素，如：Cu，Mg，Fe，Co，Ni 等，用化学计量火焰（燃气与助燃气的比例与它们之间化学反应计量相近）或贫燃火焰（燃气量小于化学计量）也是可以的。为了获得所需特性的火焰，需要调节燃气与助燃气的比例。

在火焰区内，自由原子的空间分布不均匀，且随火焰条件而改变，因此，应调节燃烧器的高度，以使来自空心阴极灯的光束从自由原子浓度最大的火焰区域通过，以期获得高的灵敏度。

在石墨炉原子化法中，合理选择干燥、灰化、原子化及除残温度与时间是十分重要的。干燥应在稍低于溶剂沸点的温度下进行，以防止试液飞溅。灰化的目的是除去基体和局外组分，在保证被测元素没有损失的前提下应尽可能使用较高的灰化温度。原子化温度的选择原则是，选用达到最大吸收信号的最低温度作为原子化温度。原子化时间的选择，应以保证完全原子化为准。在原子化阶段停止通保护气，以延长自由原子在石墨炉内的平均停留时间。除残的目的是消除残留物产生的记忆效应，除残温度应高于原子化温度。

五、进样量的选择

进样量过小，吸收信号弱，不便于测量；进样量过大，在火焰原子化法中，对火焰产生冷却效应，在石墨炉原子化法中，会增加除残的困难。在实际工作中，应测定吸光度随进样量的变化，达到最满意吸光度时的进样量，即为应选择的进样量。

进行决策

引导问题 1. 原子吸收分光光度法测定铜离子最佳测定条件选择的原理是什么？

引导问题 2. 配制铜标准溶液（1 μg/mL）。

引导问题 3. 通常选择元素的（　　）为分析线。

A. 吸收线　　B. 共振线　　C. 离子谱线　　D. 发射线

引导问题 4. 原子吸收光谱分析过程中，被测元素的相对原子质量愈小，温度愈高，则谱线的热变宽将（　　）。

A. 愈严重　　B. 愈不严重　　C. 基本不变　　D. 不变

引导问题 5. 原子吸收分光光度法是通过火焰中基态原子蒸气对来自光源的（　　）的吸收程度进行定量分析的。

A. 共振发射线　　B. 共振吸收线　　C. 离子谱线　　D. 发射线

引导问题 6. 火焰原子吸收分析法测定 Al、Si、Ti、Zr 等元素所采用的火焰是（　　）。

A. 乙炔-氧气　　B. 乙炔-氧化亚氮　　C. 丙烷-空气　　D. 氢气-氧气

任务实施

1. 在初步固定的测量条件下，改变乙炔流量，选择最佳助燃比。

2. 在助燃比确定的条件下，改变燃烧器的高度，确定最佳燃烧器的高度。

3. 在选定的最佳助燃比和燃烧器高度条件下，改变灯电流，确定最佳灯电流。

4. 在上述选定的实验条件下，改变光谱带宽，确定最佳光谱带宽。

评价反馈

1. 学习总结（收获、感受、注意事项）

2. 学习评价

序号	评价方式	赋分权重	得分小计
1	学生自评	20%	
2	学生互评	20%	
3	教师评价	60%	
得分合计			

能力拓展

灯电流、燃烧器高度、助燃比、单色器光谱通带等因素对测定结果有何影响？

培养科学严谨、实事求是的工作态度，精益求精、一丝不苟的工作作风，勤奋努力、恪尽职守的工作理念，知晓产品质量是一个企业生存的根本，从事产品质量方面的从业人员，无论身处何种岗位，都要肯学肯干肯钻研，练就一身真本领，掌握一手好技术，以认真的态度对待工作、对待人生。

任务五 未知水样中铜离子含量的测定

任务描述

根据学习任务，测定饮用水中铜离子含量，查阅GB/T 7475—1987《水质 铜、锌、铅、镉的测定 原子吸收分光光度法》，准确测定出水样中铜离子的含量。

学习目标

1. 知识目标

（1）了解水样中铜离子测定的原理；

（2）掌握水样中铜离子测定的步骤；

（3）掌握水样中铜离子测定的数据处理。

2. 能力目标

能根据检测方法，选定最佳测定步骤，准确用原子吸收分光光度法测定水样中铜离子的含量。

3. 素养目标

（1）培养学生精益求精的学习态度；

（2）培养学生分析问题、解决问题的能力。

获取信息

在原子吸收测定中受一些化学或物理因素的影响使得测定结果出现偏高或偏低的现象。

测定水中铜离子存在的干扰主要有：物理干扰、化学干扰、电离干扰、光谱干扰。

1. 物理干扰

产生原因：由于溶液的物理性质（如黏度、表面张力、密度和蒸气压等）的变化而引起原子吸收强度下降的效应。主要发生在试液抽吸过程、雾化过程和蒸发过程中。

消除方法：主要方法是配制与被测试样铜相似组成的标准溶液。

2. 化学干扰

产生原因：由于在样品处理及原子化过程中，待测元素的原子与干扰物质组分发生化学反应，形成更稳定的化合物，从而影响待测元素化合物的解离及其原子化，致使火焰中基态原子数目减少，而产生的干扰。

消除方法：使用高温火焰（氧化亚氮 / 乙炔火焰），使化合物在较高温度下解离；加入释放剂（镧盐）；加入保护剂（EDTA）；化学分离干扰物质；加入基体改进剂（用于电热原子化法）等。

3. 电离干扰

产生原因：在高温下，原子电离成离子，而使基态原子数目减少，导致测定结果偏低，此种干扰称电离干扰。电离干扰主要发生在电离势较低的碱金属和部分碱土金属中。

消除方法：最有效的方法是在试液中加入过量比待测元素电离电位低的其他元素（通常为碱金属元素）。

4. 光谱干扰

产生原因：光谱干扰是指在光谱发射和吸收过程中产生的干扰。这些干扰可能来自吸收线重叠干扰，以及在光谱通带内多于一条吸收线和在光谱通带内存在光源发射的非吸收线。这些干扰会使灵敏度降低，工作曲线弯曲，有时也会引起测定结果偏高等。

消除方法：

（1）纯化样品：对样品进行纯化处理，减少杂质的影响，从而降低光谱干扰；

（2）选择适当的激发光源：选择适当的激发光源，使其尽可能避开荧光的干扰。例如，利用脉冲激光光源可以在 10^{-11}~10^{-13} s 内产生拉曼散射光，而荧光则是在 10^{-7}~10^{-9} s 后才出现，从而避免荧光干扰；

（3）改变激发光的波长：选择合适的激发光波长，以避开荧光的干扰。在实际工作中常用这一方法识别荧光峰；

（4）应用标准加入法进行定量分析：对于物理干扰，可以应用标准加入法进行定量分析，消除物理干扰；

（5）使用释放剂：对于化学干扰，可以使用释放剂将待测元素从干扰元素中释放出来，从而消除化学干扰。

任务解析

标准法测定水中铜离子的工作原理

原子吸收分光光度法是将待测元素的溶液在高温下进行原子化变成原子蒸气，由一束锐线辐射穿过一定厚度的原子蒸气，光的一部分被原子蒸气中的基态原子吸收。透射光经单色器分光，测量减弱后的光强度。然后，利用吸光度与火焰中原子浓度成正比的关系求得待测元素的浓度。图 2–14 即为原子吸收分光光度计结构图。其主要测量方法有标准曲线法和标准加入法。

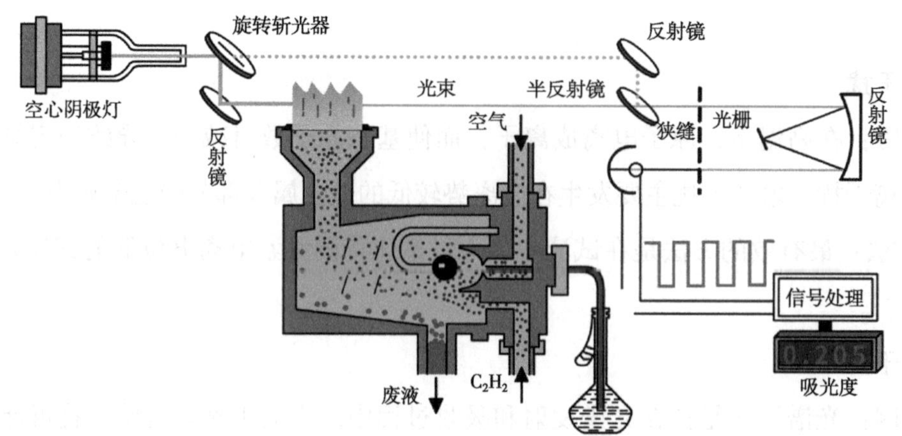

图 2-14 原子吸收分光光度计结构图

一、标准曲线法

标准曲线法是原子吸收光谱分析中常用的方法之一，该法是配制已知浓度的标准溶液系列，在一定的仪器条件下，依次测出它们的吸光度，以加入的标准溶液的浓度为横坐标，相应的吸光度为纵坐标，绘制标准曲线。试样经适当处理后，在与测量标准曲线吸光度相同的实验条件下测量其吸光度，根据试样溶液的吸光度，在标准曲线上即可查出试样溶液中被测元素的含量，再换算成原始试样中被测元素的含量。标准曲线法常用于分析共存的基体成分较为简单的试样。如果试样中共存的基体成分比较复杂，则应在标准溶液中加入相同类型和浓度的基体成分，以消除或减少基体效应带来的干扰，必要时应采用标准加入法进行定量分析。

二、标准加入法

由于式样中基体成分不能准确知道，或成分十分复杂，不能使用标准曲线法进行定量测定时，可以采用另一种定量方法——标准加入法，其原理如下：

取两份等体积样品，分别置于等体积的容量瓶 A 和 B 中，另取一定量的标准溶液加入 B 中，然后将两份溶液稀释至相同刻度，在相同条件下测定 A 和 B 溶液的吸光度。设样品中待测元素（稀释后容量瓶 A 中）的浓度为 C_x，加入标准溶液（稀释后容量瓶 B 中）的浓度为 C_0，A 和 B 溶液的吸光度分别为 A_x、A_0，则可得 $A_x=kC_x$，

$$A_0=k(C_0+C_x),$$

由上两式得

$$C_x = C_0 \cdot \frac{A_x}{A_0 - A_x}$$

在实际测定中，采用作图法所得结果更为准确。

一般吸取四份等体积试液置于四只等容积的容量瓶中，从第二只容量瓶开始，分别按比例递增加入待测元素的标准溶液，然后稀释到刻度，摇匀，溶液浓度依次为 C，$C+C$，$C+2C$，

$C+3C$，吸光度为 A_1，A_2，A_3，A_4。然后以吸光度 A 对待测元素标准液的加入量作图，延长直线与横坐标相交于 C_x，即为所要测定的式样中该元素的浓度，如图 2-15 所示。

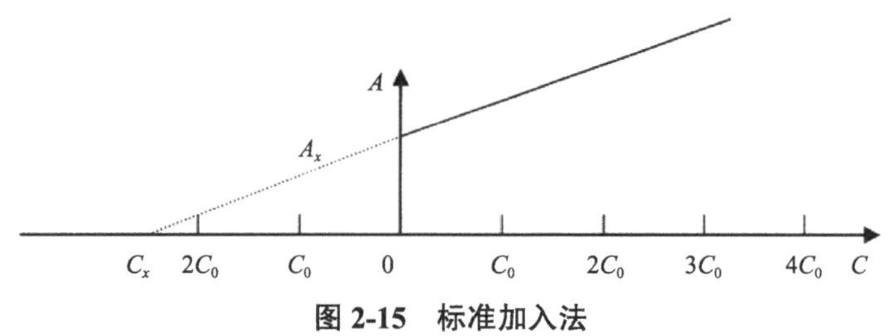

图 2-15　标准加入法

进行决策

1. 样品的采集。

2. 样品的制备。

3. 标准加入法注意事项。

4. 原子吸收分光光度法中，测定水中铜离子，吸收线波长为（　　）。

A. 624.8 nm　　B. 1 324.8 nm　　C. 124.8 nm　　D. 324.8 nm

5. 在原子吸收光谱中，谱线变宽的主要因素有哪些？

6. 在下列诸多变宽因素中，影响最大的是（　　）。

A. 多普勒变宽　　B. 劳伦兹变宽　　C. 共振变宽　　D. 自然变宽

7. 原子吸收分光光度法适宜于（　　）。

A. 元素定性分析　　B. 痕量定量分析　　C. 常量定量分析　　D. 半定量分析

任务实施

1. 配置铜标准系列溶液。

2. 上机测定。

3. 数据记录。

标准系列溶液配制见下表，测得的吸光度数据填于下表中。

编号	1	2	3	4	5
自来水样 mL	25.00	25.00	25.00	25.00	25.00
10 μg/mL 铜标	0.00	2.00	4.00	6.00	8.00
铜标液浓度	0.00	0.20	0.40	0.60	0.80
吸光度 A					

4. 数据及其处理。

列表记录测量铜系列溶液的吸光度，然后以浓度 C 为横坐标，吸光度 A 为纵坐标，绘制工作曲线。根据工作曲线求得待测样品中 Cu 的浓度。

评价反馈

1. 学习总结（收获、感受、注意事项）

2. 学习评价

序号	评价方式	赋分权重	得分小计
1	学生自评	20%	
2	学生互评	20%	
3	教师评价	60%	
得分合计			

能力拓展

某化工企业新购置一批原料煤，预测其含铜量，请写出检测方案。

提升学思结合的学习习惯和知行合一的行为习惯，树立正确的世界观、人生观、价值观。提升创新思维和创新意识，加强自主学习能力和解决分析问题的能力。

项目三　电位分析法测定水中氟离子含量

学习任务

最近有顾客反映一家地处繁华市区的大型购物中心的饮用水存在异味。购物中心管理层为了保障顾客的饮水安全，决定委托一家知名第三方环境检测公司调查饮用水质量。作为这家环境检测公司的专业检测员，你将参与到购物中心的饮用水水质检测中，负责水中氟离子含量的测定，为此，你会进行以下活动。

1. 沟通与了解：到购物中心巡查饮用水点，了解水源、水处理方式和管道分布等相关信息，为后续采样和分析提供依据。

2. 设计采样计划：在购物中心内选择典型的饮用水采集点，包括供水入口、餐饮区域、工作人员休息区等，形成一套系统的采样方案。

3. 收集水样：在规定的时间和地点，按照标准采样方法收集水样，并记录水样编号、采样时间、地点等信息。注意妥善保存水样以保持其原始状态。

4. 检测分析：运用电位分析法测定水样中的氟离子，严格按照实验标准程序，保证实验结果的准确性。

5. 结果综合分析：对比检测值与国家饮用水标准中关于氟离子的要求，分析水质是否存在异常，探讨异味产生的原因，并对购物中心的水处理设施进行评估。

6. 提供解决方案：根据检测结果，为购物中心提供改善饮用水质量的具体方案，如加强水质监控、翻新管道系统、优化水处理方法等。

7. 编写报告：撰写完整的检测报告，包括详细的检测过程、结果及解决方案，并向购物中心交付报告，协助他们执行改进计划。

作为第三方环境检测公司的专业检测员，你对水中氟离子含量的测定工作对于保障饮用水质量至关重要。同时，你的工作将直接保护消费者的权益，帮助购物中心重建顾客信任，进一步提升其品牌形象，给顾客提供一个安全舒适的购物环境。

任务一　电位法测定水中氟离子含量的原理

任务描述

本任务旨在掌握电位法测定水中氟离子含量的原理。电位法是一种广泛应用于电化学分析中的方法，能够测定活性离子的浓度。通过深入学习电位法以及相关理论知识，发展分析和解决问题的能力，培养创新思维和团队合作精神。

学习目标

1. 知识目标

（1）了解电位法的基本原理及其在测量氟离子含量中的应用；

（2）掌握离子选择性电极（如氟离子选择性电极）的基本概念和原理；

（3）学习电位法测定离子浓度时所涉及的诸如 Nernst 方程等重要理论知识。

2. 能力目标

（1）能够在实际问题中灵活使用电位法解决水中氟离子浓度测定问题；

（2）能够分析和理解 Nernst 方程，将其应用于实际问题中。

3. 素养目标

（1）培养学生的创新思维，通过对电位法以及相关理论的学习，为今后应用于新技术、新方法的研究打下基础；

（2）增强团队合作精神，在学习过程中通过相互交流与讨论，共同完成任务；

（3）学习掌握有关实验注意事项和安全操作规程，提高实验操作技能和实验水平；

（4）通过本项目的学习，激发学生对于实际问题和应用的兴趣和关注，关心水资源和环境质量，培养环境保护的意识。

获取信息

电化学分析法是利用被分析物质在电化学电池中的电化学特性而建立起来的分析方法，是仪器分析的一个重要分支，主要有电位分析法、库伦分析法、极谱分析法、电导分析法以及电解分析法等，与光分析、色谱分析构成了现代仪器分析的三大重要支柱。电化学分析法的灵敏度、选择性和准确度都很高，测定范围也很广，电化学分析的仪器设备较简单，价格低廉，仪器的调试和操作都较简单。

电位分析法是以测量化学电池两极的电位差或电位差变化为基础的化学分析方法，电位又称电势，电场中单位电荷所具有的电势能。万有引力中苹果在树上，因而具有势能。电势就是指挂苹果那个树枝的高度。用作电位分析的仪器称为电位分析仪，主要有电位差计、酸度计（pH 计）、离子计（pX 计）、电位滴定仪等。

pH 是溶液中氢离子活度的一种标度，也就是通常意义上溶液酸碱程度的衡量标准。pH 越趋向于 0 表示溶液酸性越强，反之，越趋向于 14 表示溶液碱性越强，在常温下，pH=7 的溶液为中性溶液。$pH = -\lg[H^+]$，也就是溶液中氢离子活度的负对数。

测定溶液 pH 的仪器是酸度计（又称 pH 计），pH 计的工作原理实际上是原电池的工作原理，即由参比电极和指示电极构成原电池，参比电极的电极电位保持不变，指示电极的电极电位随着溶液 pH 的变化而变化。由于电极电位不能直接转化为 pH，故需要标准缓冲溶液标定曲线以使 pH 计进行比较得出被测溶液的 pH。在 25 ℃时，原电池的电极电位每变化 59 mV（0.059 V）时，pH 就变化一个单位。pH 计主要用于精密测量液体介质的酸碱度，配上相应的离子选择电极也可以测量离子电极电位 MV 值，广泛应用于工业、农业、科研、环保等领域，也是食品厂、饮用水厂办 QS、HACCP 认证中的必备检验设备。往往同一台仪器具有多种功能，既可测量 pH、pX，又可测量电位差。此类仪器有电位差计式、直读式和数字显示式。有些数字显示式仪器还可以直接读取被测离子的浓度，如果具有直流电源，还可以提携到野外进行环境监测。

任务解析

电位分析法属于涉及电极反应的电化学分析方法，其是将一支电极电位与被测物质的活（浓）度有关的电极（称为指示电极）和另一支电位已知且保持恒定的电极（称为参比电极）插入待测溶液中组成一个化学电池，在零电流的条件下，通过测定电池的电动势，进而求得溶液中待测组分含量的方法，包括直接电位法和电位滴定法。其中，直接电位法是通过测量上述化学电池的电动势，从而得知指示电极的电极电位，再通过指示电极的电极电位与溶液中被测离子活（浓）的关系，根据能斯特方程式计算被测物质的含量的分析方法。直接电位法具有简便、快速、灵敏、应用广泛的特点，常用于溶液 pH 和一些离子浓度的测定，在工业连续自动分析和环境监测方面有独到之处，实验装置如图 3–1 所示。电位滴定法是利用滴定过程中电池电动势变化的突跃来确定终点的电位分析方法。也就是说，电位滴定法的滴定终点由电动势的突跃来确定，而化学分析法的滴定终点通过观察指示剂颜色的变化来确定。因此电位分析法比一般的化学分析法更为准确、客观，易于实现自动化控制，能进行连续滴定和自动滴定。所以，电位滴定广泛应用于酸碱滴定、氧化还原滴定、沉淀滴定、配位滴定等各类滴定反应终点的确定，特别是那些有色、混浊及找不到合适指示剂的滴定，使用电位滴定可以获得比较理想的结果。此外，电位滴定还可以用来测定酸碱的离解常数、配合物的稳定常数等，实验装置如图3–2所示。

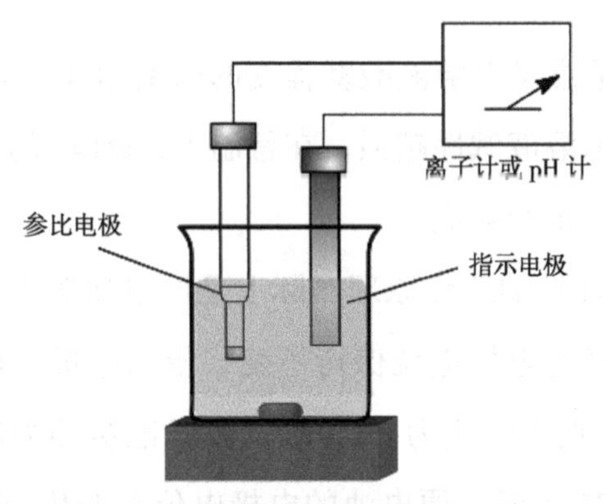

图 3-1　直接电位法示意图

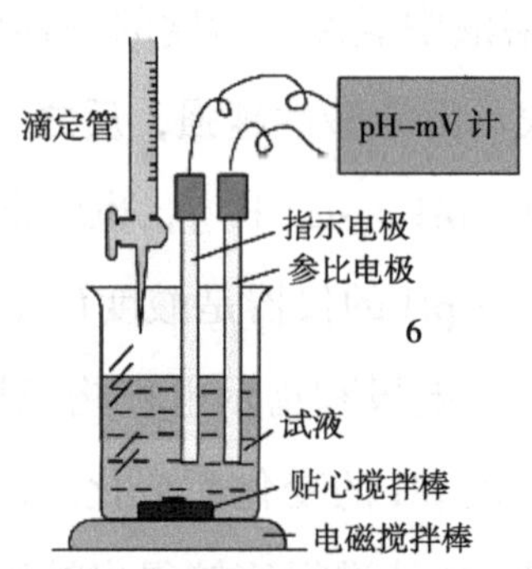

图 3-2　电位滴定法示意图

不同的电化学分析方法尽管在测量原理、测量对象及测量方式上有很大差别，但它们都是在一种电化学反应装置上进行的，这种反应装置就是电化学电池。

一、电化学电池

电化学分析测量装置采用两支电极和电解质溶液组成，即能将化学能与电能进行相互转化的装置，也就是电化学电池。电极是提供电子转移或发生电极反应的场所，将电极插入对应的电解质溶液中才能发生作用。

电化学分析法中涉及两类化学电池，即原电池和电解电池。原电池能自发地将化学能转变成电能，是能够向外部提供能量的装置，如图 3–3 所示。而电解电池则由外电源提供电能，使电流通过电极并发生电极反应，是将电能转换成化学能的装置，如图 3–4 所示。

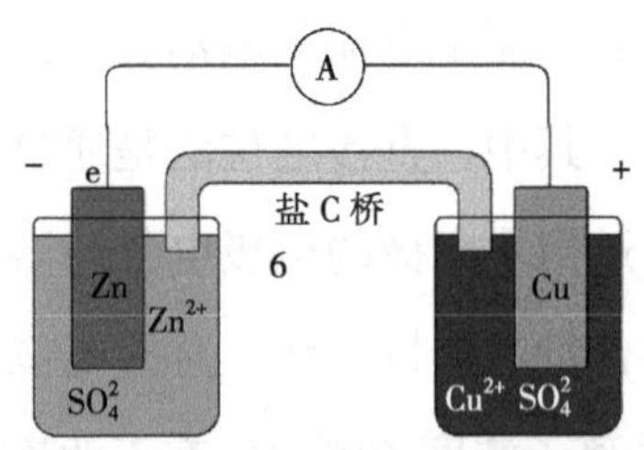

图 3-3　锌铜原电池装置示意图

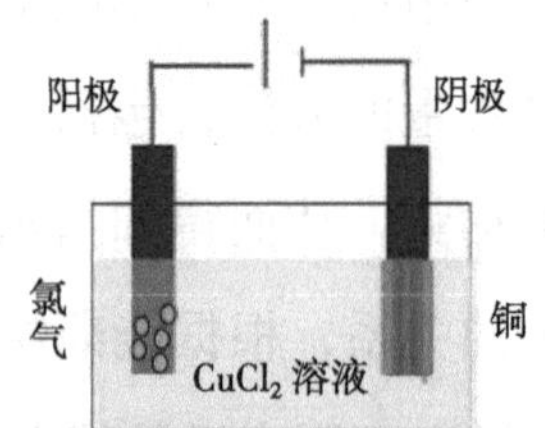

图 3-4　锌铜电解池装置示意图

化学电池工作时，电流在电池内部和外部流过，构成回路。溶液中的电流是依靠溶液中正、负离子的移动而形成的。无论是原电池还是电解电池，发生氧化反应的电极称为阳极，发生还原反应的电极称为阴极。电极电位高的为正极，电极电位低的为负极。

为了使电池的描述简化，通常可以用电池表达式表示，如上述半电池可以表示为：

$(-)\ Zn\,|\,ZnSO_4\ (x\ mol/L)\ \|\ CuSO_4\ (y\ mol/L)\ |\ Cu\ (+)$

单竖线表示不同相界面，双竖线表示盐桥，说明有两个接界面，双竖线两侧为两个半电池。一般把负极写在左边，正极写在右边。

二、电极电位

1. 电极电位与能斯特方程

将金属片 M 插入含有该金属离子 M^{n+} 的溶液中，此时金属与溶液的接界面上将发生电子的转移形成双电层，产生电极电位，即金属与它的盐溶液之间的电位差称为电极电位。组成原电池两电极的电极电位是不同的，它必须存在差值。电池中两电极的电极电位差称为电动势。

半电池反应为：$M^{n+}+n_e \rightleftharpoons M$

电极电位 M^{n+}/M 与 M^{n+} 活度的关系可用能斯特方程表示：

$$\phi_{M^{n+}/M} = \phi^0_{M^{n+}/M} + \frac{2.303RT}{nF}\lg\alpha_{M^{n+}} \tag{3-1}$$

式中，$\phi_{M^{n+}/M}$——标准电极电位，V

R　——气体常数，8.314 J/（mol·K）

T　——热力学温度，开尔文，K

n　——电极反应中转移的电子数

F　——法拉第常数，96 486.7 C/mol

$\alpha_{M^{n+}}$　——金属离子的活度，mol/L

当离子浓度很小时，可用浓度代替活度，在温度为 25 ℃时，能斯特方程可近似地简化为下式：

$$\phi_{M^{n+}/M} = \phi^0_{M^{n+}/M} + \frac{0.059\,2}{n}\lg\alpha_{M^{n+}} \tag{3-2}$$

由式 3-2 可知，只要测量出$\phi_{M^{n+}/M}$，就可以确定 M^{n+} 的活度。但实际上，电极电位的绝对值是无法测量的，为了测定电极的相对电位值，必须用一支电极电位随待测离子活度变化而变化的指示电极和一支电极电位已知且恒定的参比电极与待测溶液组成工作电池，通过测量工作电池的电动势来获得 M^{n+}/M 的电位值。

设电池为

（-）M | M^{n+} ||参比电极（+）

则电动势

$$E = \phi_+ - \phi_-$$

式中，ϕ_+——电位较高的正极的电极电位

ϕ_-——电位较低的负极的电极电位

所以

$$E = \phi_{参比} - \phi_{M^{n+}/M}$$

$$= \phi_{参比} - \phi^0_{M^{n+}/M} - \frac{0.059\,2}{n}\lg \alpha_{M^{n+}} \qquad (3\text{–}3)$$

式中，$\phi_{参比}$和$\phi^0_{M^{n+}/M}$在一定温度下都是常数，因此只要测出电池的电动势，就可以求出待测离子的活度。

2. 活度与活度系数

活度与浓度的关系为$\alpha = C \cdot \gamma$，其中γ为活度系数。在实际分析中，只要控制测定时总的离子强度不发生变化，就可以用浓度代替活度进行计算了。

三、离子选择性电极

离子选择性电极是一种化学传感器，是由对溶液中特定离子具有选择性响应的敏感膜及其他辅助部分组成。离子选择性电极在其敏感膜上不发生电子转移，而只是在膜表面发生离子交换而形成膜电位，因此这类电极与金属基电极在原理上有本质区别。由于离子选择性电极都具有一个传感膜，所以又称为膜电极，常用符号“SIE”表示，其核心部件是电极尖端的感应膜。离子选择电极法是电位分析的分支，一般用于直接电位法，也可用于电位滴定。该法的特点是：①测定的是溶液中特定离子的活度而不是总浓度；②使用简便迅速，应用范围广，尤其适用于对碱金属、硝酸根离子等的测定；③不受试液颜色、浊度等的影响，特别适于水质连续自动监测和现场分析。pH 和氟离子的测定所采用的离子选择电极法已被定为标准方法，水质自动连续监测系统中，有 10 多个项目采用离子选择电极法。目前我国已能制成 H^+、K^+、Na^+、Ag^+、F^-、Cl^-、I^-、S^{2-}等离子选择性电极，广泛应用于环保和工农业生产中。

1. 离子选择性电极的分类和基本构造

离子选择性电极的种类繁多，根据电极薄膜不同可分为固体膜电极、玻璃膜电极和液体膜电极等。虽然离子选择性电极的种类很多，各种电极的形状、结构也不尽相同，但基本结构大致相似，如图 3–5 所示。

离子选择性电极由电极管，内参比电极，内参比溶液和敏感膜构成。电极管一般由玻璃或高分子聚合材料制成，内参比电极常用银—氯化银电极，内参比溶液一般由响应离子的强电解质及氯化物溶液组成。敏感膜由不同敏感材料制成，它是离子选择性电极的关键部件。由于敏感膜内阻很高，故需要良好的绝缘，以免发生旁路漏电而影响测定。

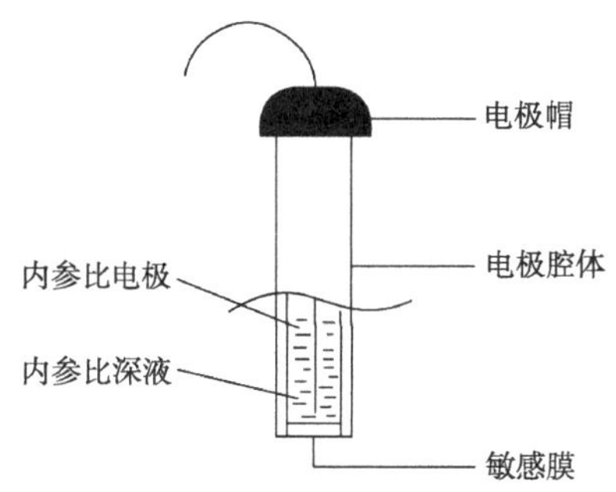

图 3-5　离子选择性电极基本结构图

2. 离子选择性电极的膜电位

将某一合适的离子选择性电极浸入含有一定浓度（活度）的待测离子溶液中时，由于离子交换和扩散，在敏感膜内外两个相界面处会产生电位差，这个电位差就是膜电位（$\phi_{膜}$）。

离子选择性电极的膜电位与溶液中待测离子浓度（活度）的关系符合能斯特方程：

$$\phi_{膜} = K \pm \frac{2.303RT}{nF}\lg\alpha \quad (3\text{-}4)$$

25 ℃时：

$$\phi_{膜} = K \pm \frac{0.059}{n}\lg\alpha \quad (3\text{-}5)$$

式中，K——离子选择性电极的电极常数，在实验条件下为一常数，它与电极的敏感膜、内参比电极、内参比溶液及温度有关；

α——待测离子的活度；

n——待测离子的电荷数，当待测离子为阳离子时，式中第二项为正值，为阴离子时该项取负值。

3. 氟离子选择性电极

利用难溶盐制成的离子选择性电极称为固体膜电极。根据难溶盐的物理性状和制膜方法不同可分为压片膜和单晶膜两种。

将难溶盐沉淀粉末在高温下烧结成片或在高压下压成致密薄片制成的电极叫压片膜电极或称均相膜电极。例如，用硫化银压制成薄片可制成 S^{2-} 选择电极，此电极能测定 S^{2-}或 Ag^+。用硫化银和氯化银均匀沉淀压成薄片能制成氯离子选择性电极。AgBr，AgI 等压片能制成 Br^-，I^-选择电极等。

电极膜由难溶盐单晶制成的电极叫单晶膜电极。氟离子选择性电极是晶体膜电极中典型的单晶膜电极。

（1）氟离子选择性电极的结构

氟离子选择性电极的电极膜为 LaF_3 单晶，为改善导电性，晶体中还掺入少量的 EuF_2 和 CaF_2。单晶膜封在聚氯乙烯或聚四氟乙烯管的一端，直径约 10 mm，厚约 2 mm，管内装有 0.1 mol/L NaF 和 0.1 mol/L NaCl 的溶液作为内参比溶液，以 AgCl-Ag 电极为内参比电极，其结构如图 3–6 所示。

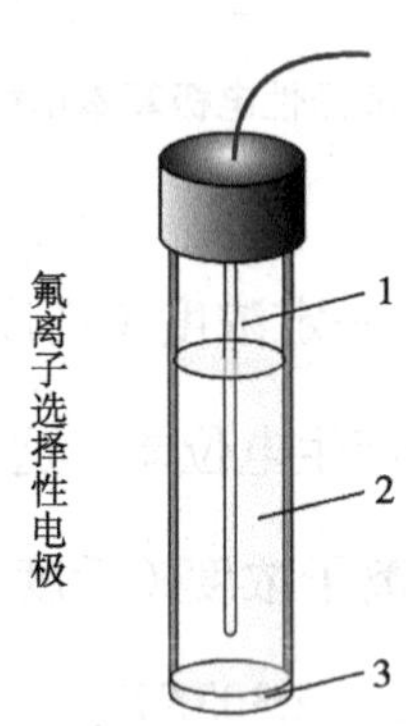

1. AgCl–Ag 内参比电极　2. 内充液（0.1 mol/LNaF+0.1 mol/LNaCl）　3. 掺 EuF_2 的 LaF_3 单晶片

图 3-6　氟离子选择性电极结构图

（2）氟离子选择性电极的电极电位

以氟离子选择性电极测定溶液中氟离子含量时，以氟离子选择性电极作指示电极，饱和甘汞电极作参比电极组成原电池，此时，氟离子在膜表面发生交换，所产生的膜电位与溶液中氟离子活度的关系在氟离子活度为 1.0~10^{-6} mol/L 范围内遵循奈斯特方程式。25 ℃时，膜电位为：

$$\phi_{膜} = K - 0.059\ 2 \lg \alpha_{F^-} = K + 0.059\ 2\text{PF} \qquad (3\text{–}6)$$

（3）氟离子选择性电极的特点和使用注意事项

氟离子选择性电极对氟离子有较高的选择性，阴离子中除 OH^-外，其他离子均无明显干扰。为了避免 OH^-的干扰，测定时需要控制溶液的 pH 在 5~6 之间。当被测溶液中存在能与氟离子生成稳定配合物或难溶化合物的阳离子时（如 Al^{3+}，Ca^{2+}，Fe^{3+} 等）会造成干扰，需加入掩蔽剂消除干扰。但切不可使用能与 La^{3+} 形成稳定配合物的配位剂，以免溶解 LaF_3 而使电极的灵敏度降低。

四、测定原理

氟电极和甘汞电极、待测溶液组成一个电池，通过测量其电位来指示氟离子的活度。使用氟离子选择性电极与饱和甘汞电极及试液构成电池如下：

–Hg，Hg_2Cl_2，KCl（饱和）‖ 试液 | LaF_3 膜 | NaF，NaCl，AgCl | Ag+

饱和甘汞电极（负极）　　　　　　　　氟离子选择性电极（正极）

该电池的电动势可表示为（25 ℃时）

$$E_{电池}=K-0.059\lg \alpha_{F^-}（\alpha_{F^-}为氟离子的活度） \tag{3-7}$$

根据活度和浓度的关系，只要保证测定过程中离子的总数量（总离子强度）不发生变化，就可用浓度代替活度进行计算，方法是加入总离子强度调节剂 TISAB，则有

$$E_{电池}=K-0.059\lg c_{F^-} \tag{3-8}$$

这就是电位法测定溶液中氟离子浓度的理论依据。

进行决策

1. 在电化学分析方法中，由于测量电池的参数不同而分成各种方法：测量电动势的为______；测量电流随电压变化的是_____，其中若使用_______电极的则称为______；测量电阻的方法称为__________；测量电量的方法称为_________。

2. 电位分析用到的两个电极分别是__________和____________，电位分析法根据其原理不同可分为___________________和_________________。

3. 电位法测量常以______________作为电池的电解质溶液，浸入两个电极，一个是指示电极，另一个是参比电极，在零电流条件下，测量所组成的原电池___________。

4. 区分原电池正极和负极的根据是（　　）。

A. 电极电位　　B. 电极材料　　C. 电极反应　　D. 离子浓度

5. 区分电解池阴极和阳极的根据是（　　）。

A. 电极电位　　B. 电极材料　　C. 电极反应　　D. 离子浓度

6. 下列不符合作为一个参比电极的条件的是（　　）。

A. 电位的稳定性　　B. 固体电极　　C. 重现性好　　D. 可逆性好

7. 下列参量中，不属于电分析化学方法所测量的是（　　）。

A. 电动势　　B. 电流　　C. 电容　　D. 电量

8. 下列方法中不属于电化学分析方法的是（　　）。

A. 电位分析法　　B. 伏安法　　C. 库仑分析法　　D. 电子能谱

9. 请判断：电化学分析法仅能用于无机离子的测定。（　　）

10. 请判断：电位测量过程中，电极中有一定量电流流过，产生电极电位。（　　）

11. 氟（F）是一种非金属化学元素，原子序数为_____。氟是卤族元素之一，属元素周期表____族，在元素周期表中位于第二周期。氟元素的单质是_____，是一种淡黄色有剧毒的气体。氟气的腐蚀性很强，化学性质极为活泼，是氧化性最强的物质之一，甚至可以和部分惰性气体在一定条件下反应。

12. 本项目测定水中氟离子的含量，依据的是 GB/T 7484—1987《水质　氟化物的测定　离

子选择电极法》，该标准适用于______________________中的氟化物，而依据 GB 5749—2022《生活饮用水卫生标准》，生活饮用水卫生标准中规定的氟离子最大限制值为________。

13. 甘汞电极是常用参比电极，它的电极电位取决于（　　）。

A. 温度　　B. 氯离子的活度　　C. 主体溶液的浓度　　D.K 的浓度

14. 下列哪项不是玻璃电极的组成部分？（　　）

A. Ag-AgCl 电极　　B. 一定浓度的 HCl 溶液

C. 饱和 KCl 溶液　　D. 玻璃管

15. 测定溶液 pH 时，常用的指示电极是（　　）。

A. 氢电极　　B. 铂电极　　C. 氢醌电极　　D. pH 玻璃电极

16. 玻璃电极在使用前，需在去离子水中浸泡 24 小时以上，其目的是（　　）。

A. 清除不对称电位　　B. 清除液接电位

C. 清洗电极　　D. 使不对称电位处于稳定

17. 实验测定溶液 pH 时，都是用标准缓冲溶液来校正电极，其目的是消除何种影响？（　　）

A. 不对称电位　　B. 液接电位

C. 温度　　D. 不对称电位和液接电位

18. pH 玻璃电极产生的不对称电位来源于（　　）。

A. 内外玻璃膜表面特性不同　　B. 内外溶液中 H^+ 浓度不同

C. 内外溶液的 H^+ 活度系数不同　　D. 内外参比电极不同

19. 请判断：用氟离子选择电极测定水中 F^-时，氟电极的电极电位与 F^-的浓度对数成正比。（　　）

20. 请判断：离子选择电极的电位与待测离子活度成线形关系。（　　）

21. 用氟离子选择电极的标准曲线法测定试液中 F^-浓度时，对较复杂的试液需要加入____________试剂，其目的有：第一________；第二_________；第三___________。

22. 请判断：用总离子强度调节缓冲溶液（TISAB）保持溶液的离子强度相对稳定，故在所有电位测定方法中都必须加入 TISAB。（　　）

任务实施

1. 依据 GB/T 7484—1987《水质 氟化物的测定 离子选择电极法》，测定水中氟离子需要用到哪些试剂？

2.TISAB 是总离子强度调节缓冲溶液的缩写，是一种用于测试水样中重金属离子浓度的缓冲剂。TISAB 有多种配方，其中包括 TISAB I、TISAB II 和 TISAB III，它们之间的区别在于配方不同，主要是添加了不同的稳定剂和络合剂。TISAB I 主要用于测试铅和银的浓度，TISAB II 主要用于测试汞、铜、镉、锌等离子的浓度，TISAB III 则更适用于测试铅、汞和银等离子的浓度更高的水样。请问测定水中氟离子含量应该选用哪种配方？该配方又是如何配制的？

3. 电位法测定水中氟离子的含量，加入总离子强度调节剂的目的是什么？

4. 依据 GB/T 7484—1987《水质　氟化物的测定　离子选择电极法》，填写下表。

项目名称	电位法测定水中氟离子含量		
查阅标准			
方法原理			
相关标准			
检测限			
准确度		精密度	
标准内容			
适用范围		限值	
定量公式		性状	
样品处理			
操作步骤			
试剂确认			
试剂名称	纯度	用量	有效期

续表

仪器确认			
所需仪器		检定有效日期	
安全防护			
填写人		复核人	

评价反馈

1. 学习总结（收获、感受、注意事项）

2. 学习评价

评价指标	评价要点	等级评定	
		自评	教师评价
项目认知	氟 测定水中氟离子含量的意义 电化学分析法与电位分析法		
测定原理	氟离子选择性电极测定水中氟离子含量的原理 指示电极与参比电极		
查阅标准	标准名称 相关标准的完整性 适用范围 检验方法 方法原理 试验条件 检测主要步骤 检测限 准确度 精密度		

续表

评价指标	评价要点	等级评定	
		自评	教师评价
试剂确认	试剂种类 试剂纯度 试剂数量		
仪器确认	仪器种类 仪器规格 仪器精度		
安全	安全意识		
总成绩			

能力拓展

化学传感器在环境监测中的应用

化学传感器是一种能够感知、检测和测量化学物质浓度、成分或其他性质的装置。它通过与目标物质的相互作用，产生响应信号并将其转化为可读的输出信号，从而实现对环境中有害物质的快速、准确和可靠的监测。化学传感器在环境保护、工业生产、食品安全等领域中发挥着重要的作用，本文将着重介绍化学传感器在环境监测中的应用。

1. 水质监测

水是人类生存和生活的基本需求，而水质的好坏直接关系到人类的健康和生活质量。化学传感器在水质监测中被广泛应用。例如，针对水中重金属离子的检测，可以利用金属离子选择性电极来测量水中铜、铅、汞等重金属离子的浓度。通过选择不同的离子选择性电极，可以实现对多种金属离子的同步监测。

此外，化学传感器还可应用于水中有机物的检测。以挥发性有机物为例，通过选择性吸附材料和敏感元件的组合，可以实现对水中挥发性有机物（如苯、甲苯、乙苯等）的快速、准确检测。这种基于化学传感器的监测技术不仅能够提高检测效率，而且在实时监测方面也有较大优势。

2. 空气质量监测

空气质量直接关系到人们的健康和生活环境，因此对空气中有害物质的监测至关重要。化学传感器在空气质量监测中具有广泛应用前景。例如，对于空气中的有毒气体，如二氧化硫、一氧化碳等，可以利用化学传感器实现其浓度的实时监测。这种传感器可以通过化学反应与目标物质发生作用，进而产生电信号，从而实现对有害气体的准确测量。

此外，化学传感器还可以应用于空气中细颗粒物（如 $PM_{2.5}$）的监测。针对细颗粒物的测量，可以利用化学传感器的敏感材料与颗粒物发生物理或化学反应，并通过测量反应引起的信号变化来确定颗粒物的浓度。这种基于化学传感器的监测技术具有灵敏度高、实时性好的特点。

3. 土壤污染监测

土壤是农业生产和生态系统的基础，土壤污染会直接影响农作物的生长和发育，破坏生态平衡。因此，对土壤中有害物质的监测非常重要。化学传感器在土壤污染监测中具有独特的优势。例如，针对土壤中的重金属污染，可以利用化学传感器实现对镉、汞、铅等重金属离子的快速检测。这种传感器通常利用金属离子与选择性离子敏感膜之间的交互作用，通过测量膜电位的变化，从而确定重金属离子的浓度。

此外，化学传感器还可以应用于土壤中有机物的监测。例如，对于农药残留的检测，可以利用化学传感器实现对农药残留量的快速检测和定量分析。这种技术不仅能够提高土壤监测的效率，而且还可以减少传统方法中对试剂和操作人员的要求。

综上所述，化学传感器在环境监测中具有广泛的应用前景。它能够实时、准确地检测和测量环境中的有害物质，为环境保护和生态建设提供有力的支持和保障。随着科技的不断进步，化学传感器的性能将进一步提高，应用领域也将不断扩展，为人类创造更加清洁、健康和可持续的生活环境。

化学传感器不过是一件小小的电分析化学实验装置元器件，却在环境监测等方面发挥着巨大的作用。以小见大，推而广之，因此在平时的学习过程中，我们要通过加强实验操作技能的训练，追求“精益求精、严谨细致”的工匠精神，树牢绿色发展理念，守望绿水青山。

任务二　电位法测定水中氟离子含量的仪器认知

任务描述

依据 GB/T 7484—1987《水质 氟化物的测定 离子选择电极法》，测定水中氟离子含量主要用到的仪器和装置有氟离子选择电极、饱和甘汞电极或氯化银电极、pH 计（酸度计）、磁力搅拌器、聚乙烯杯和氟化物的水蒸气蒸馏装置。本任务旨在让学生了解并掌握 pH 计的构造、使用方法和注意事项。

学习目标

1. 知识目标

（1）熟悉测定水中氟离子含量的仪器装置；

（2）了解 pH 计各部分组成及其作用；

（3）掌握 pH 计操作时的注意事项。

2. 能力目标

（1）能独立对 pH 计各辅助部件进行安装；

（2）能准确地对 pH 计进行调试；

（3）能正确进行 pH 计的操作；

（4）能对 pH 计出现的故障进行排除及日常维护。

3. 素养目标

（1）培养学生遵循实验室规范、重视安全操作的态度；

（2）培养学生严谨、细致的实验习惯，遵循国家标准；

（3）提高学生发现问题、解决问题的能力，培养其自主探索、思辨批判的精神；

（4）通过实践操作增强学生的团队合作能力及责任心。

获取信息

电极电位的绝对值是无法测定的，但可以选定一个电极作为标准，将各种待测电极与它相比较，就可得到各种电极的电极电位相对值。国际纯粹和应用化学协会（IUPAC）选定“标准氢电极”作为比较标准。

标准氢电极作为电化学中最基本的电极之一，由一个铂电极和一个氢气电极组成（如图 3-7），是氢离子浓度为 1.00 mol · L^{-1}，氢气的压力为 101.325 kPa 的电极。国际上规定，298 K

时，标准氢电极的电极电位为零，即标准氢电极的电极电位被定义为 0 V。这个定义是非常重要的，因为它为电化学测量提供了一个标准，使得不同实验室的结果可以进行比较和验证。

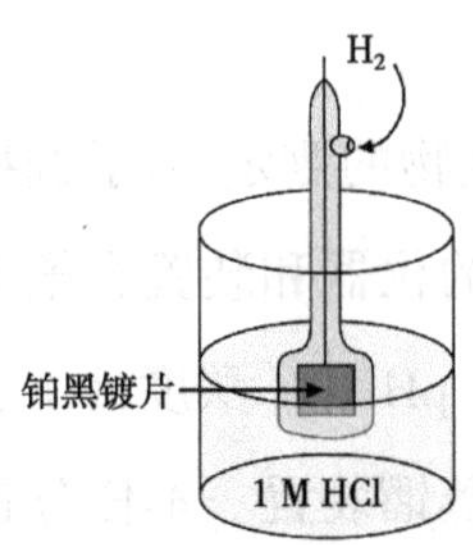

图 3-7　标准氢电极

标准氢电极的电极电位是非常稳定的，作为一个基准电极，这意味着它的电位不会受到其他化学物质的影响。因此，标准氢电极可以用来确定其他电极的电位。例如，如果我们想知道铜电极的电位，可以将它与标准氢电极进行比较。如果铜电极的电位比标准氢电极高 0.34 V，那么我们就可以得出铜电极的电位为 0.34 V。

标准氢电极的电位也可以用来计算其他化学反应的电位。例如，如果我们想知道铜离子还原成铜的电位，可以使用标准氢电极的电位和铜离子还原的标准电位来计算。计算公式如下：

$$E = E_0 - 0.059\ 2/n * \log\left([\mathrm{Cu}^{2+}] / [\mathrm{Cu}]\right)$$

其中，E 是反应的电位，E_0 是标准氢电极的电位，n 是电子数，$[Cu^{2+}]$ 是铜离子的浓度，$[Cu]$ 是铜的浓度。

对于任意给定的电极，测定其电极电位时，以标准氢电极作为负极，待测电极为正极，组成的原电池为：标准氢电极 ‖ 待测电极。

所测定的电池电动势即为待测电极的电极电位。测定时，如果待测电极的电位比氢电极高，则待测电极的电极电位为正值，反之为负值。

在 298.15 K，以水为溶剂，氧化态和还原态的活度等于 1 时，测定的某电极的电极电位称为该电极的标准电极电位。各种电极的标准电极电位可查表得到（见附录 2）。

任务解析

利用电位法测定水中氟离子的含量，通常选用的仪器和装置如下：有 pH 计（亦可选择离子活度计或毫伏计）、氟离子选择电极、饱和甘汞电极或氯化银电极、磁力搅拌器、聚乙烯杯、氟化物的水蒸气蒸馏装置。

一、pH 计的外形结构

以 PHS–3C pH 计为例，其外形结构如图 3–8，3–9 所示。

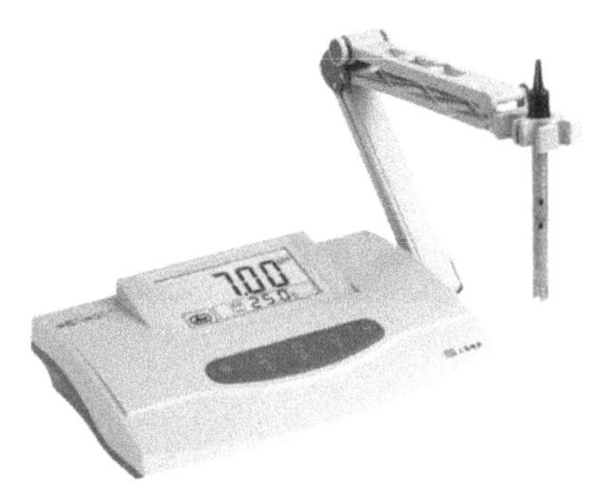

图 3-8　PHS-3C pH 计的正面结构

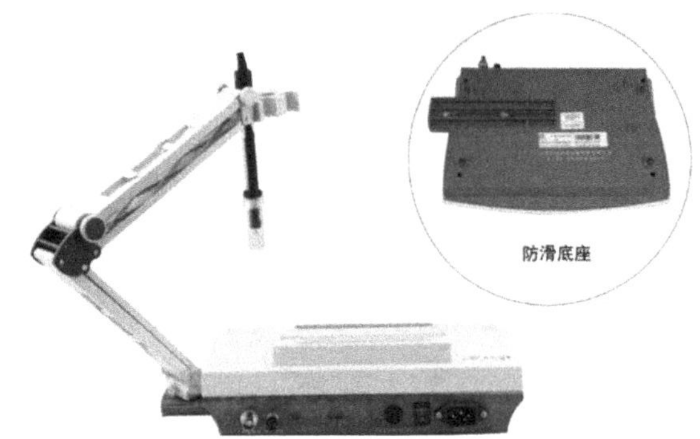

图 3-9　PHS-3 C pH 计的背面结构

二、pH 计的安装

首先旋紧电极架立杆，将电极夹安好，放上复合电极 ，旋下短路插头，旋紧电极，插好电源，完成 pH 计的安装工作。

三、pH 计的操作

1. 开机前的准备

用蒸馏水清洗电极需要插入溶液的部分，并用滤纸吸干电极外壁的水。

2. 仪器开机预热

将电源线插入电源插座，按下电源开关，电源接通后，预热 30 min。

3. 仪器的校正

仪器的校正有两种方法，可以任选其中一种。

（1）单点校正

这种方法适合于一般要求，即待测溶液的 pH 与标准缓冲溶液的 pH 之差小于 3 个 pH 单位。

将【选择】开关旋钮旋转到 pH 位置，将【温度】调节钮的刻度线旋到溶液的温度，进行温度补偿。根据预测的待测试液 pH，选用 pH 接近的标准缓冲溶液对仪器进行标定。将电极插入与待测溶液 pH 接近的标准缓冲溶液中，转动【电位】调节钮，使仪器显示的 pH 稳定在该标准缓冲溶液的 pH。

（2）两点校正

两点校正即选择两种标准缓冲溶液：一种是 pH=6.86 的标准缓冲液，另一种是 pH=9.18 的标准缓冲溶液或 pH=4.01 的标准缓冲溶液。先用 pH=6.86 标准缓冲溶液进行定位，再根据待测溶液的酸碱性选择第二种标准缓冲溶液。如果待测溶液呈酸性，则选用 pH=4.01 的标准缓冲溶液；如果待测溶液呈碱性，则选用 pH=9.18 的标准缓冲溶液。

4. 测量

移去标准缓冲溶液，清洗两电极，并用滤纸吸干电极外壁上的水后，将其插入待测溶液中，轻摇试杯，待电极平衡后，读取被测溶液的 pH。

进行决策

引导问题 1. 电位法测定水中氟离子含量会用到哪些仪器和装置?

引导问题 2. 氟化物水蒸气蒸馏装置的用途是什么?

引导问题 3. 磁力搅拌器在使用过程中需要注意什么?

引导问题 4. 测定水中氟离子含量时，盛放溶液为什么选用聚乙烯杯而不是普通烧杯?

引导问题 5. 检索信息，在下表中填写目前常用 pH 计的生产厂家、型号、性能与主要技术指标。

生产厂家	仪器型号	性能与主要技术指标

引导问题 6. pH 计的工作原理是什么?

引导问题 7. 在安装 pH 计时，需要旋下短路插头，其作用是什么?

引导问题 8. 请在下表中对 pH 计的操作步骤进行说明。

序号	步骤	操作说明
1	开机前的准备	
2	仪器开机预热	
3	仪器的校正	
4	测量	

引导问题 9. 如何进行 pH 计的维护和保养？

引导问题 10. 操作 pH 计时，要对其进行校正，采用单点校正和两点校正，哪种方法比较好？

引导问题 11. 除了单点校正和两点校正，在什么情况下进行三点校正？

任务实施

1. 按照要求进行标准缓冲溶液的配制，完成下表。

序号	标准缓冲溶液名称	pH	配制方法
1	0.05 mol/L 邻苯二甲酸氢钾	4.0	
2	0.025 mol/L 磷酸氢二钠， 0.025 mol/L 磷酸二氢钾	6.86	
3	0.01 mol/L 四硼酸钠	9.18	

2. 不管是什么样的 pH 计，pH = 7 这个点为什么是必须校正的？

3. pH 计应在什么时候进行校正？（　　）

A. 每次使用前　　B. 每周一次

C. 每月一次　　D. 只在购买时校正一次

4. 操作 pH 计时，哪种方法可以减少误差？（　　）

A. 使用一点缓冲溶液进行校正　　B. 使用过期的缓冲溶液进行校正

C. 用去离子水清洗电极　　D. 用矿泉水清洗电极

5. 液体样品的 pH 计校准常用的方法是（　　）。

A. 双点校正法　　B. 单点校正法　　C. 三点校正法　　D. 不校准

6. 当 pH 计的显示值与缓冲溶液的实际 pH 相差很大时，应该怎么办？（　　）。

A. 继续进行测量　　B. 重新校正

C. 更换电极　　D. 仅依据显示值进行判断

评价反馈

1. 学习总结（收获、感受、注意事项）

2. 学习评价

评价指标	评价要点	等级评定	
		自评	教师评价
仪器装置	测定水中氟离子含量的仪器装置 氟化物水蒸气蒸馏装置		
pH 计的构造	pH 计的外观 pH 计的工作原理		
pH 计的使用	开机前的准备 仪器开机预热 仪器的校正 测量		
pH 计的维护	每次使用后清洗探头 定期校准 pH 计 温和对待 pH 计 避免有害物质接触 pH 计 遵守说明书上的使用规范和清洗方法 pH 计的存放		
安全	安全意识		
总成绩			

能力拓展

实验室 pH 计使用和维护指南

实验室 pH 计除应满足 GB/T 11165—2005 相关规格的要求外，还应至少满足下列要求：①测量精度至少为 0.01 级；②测量范围为 0.00~14.00；③具有温度补偿功能（主动或被动）；④能够储存和显示至少一组标准曲线或斜率。

一、标准缓冲溶液的制备

1. 标准缓冲溶液的定义和工作原理

标准缓冲溶液是一种能使 pH 保持稳定的溶液。

如果向这种溶液中加入少量的酸或碱，或者在溶液中的化学反应产生少量的酸或碱，以及将溶液适当稀释，这个溶液的 pH 基本上稳定不变，这种能对抗少量酸碱加入而使 pH 不变化的溶液就称为缓冲溶液。

2. 溶液的种类

本文列有六种溶液，其温度、质量摩尔浓度及对应的 pH 见附录 2。

3. 溶液的使用温度

溶液的使用温度范围为 0~95 ℃。

4. 化学试剂、水的规格

（1）配制溶液所需化学试剂及其要求：

四草酸氢钾：分析纯；

酒石酸氢钾：分析纯；

邻苯二甲酸氢钾：分析纯，符合 GB/T 1291—2008；基准试剂，符合 GB 6857—2008；

磷酸氢二钠：分析纯，符合 GB/T 1263—2006；基准试剂，符合 GB 6854—2008；

磷酸二氢钾：分析纯，符合 GB/T 1274—2011；基准试剂，符合 GB 6853—2008；

四硼酸钠：分析纯，符合 GB/T 632—2011；基准试剂，符合 GB 6856—2008；

氢氧化钙：分析纯。

注 1：0.001 级仪器使用的溶液用基准试剂配制。

2：市售的符合本文件的标准缓冲溶液或其他商品也可使用。

（2）水应当符合 GB/T 6682—2008 规定的一级水或电导率不大于 0.2×10^{-6}S/cm（0.2 μS/cm）的重蒸馏水或去离子水，煮沸并冷却后使用。

5. 仪器和设备

分析天平：最大秤量不大于 200 g，检定分度值为 0.1 mg；

容量瓶：250 mL、1 000 mL，A 级；

恒温槽：温度波动度为 ±0.2 ℃；

温度计：0~50 ℃，二等；

电热干燥箱：0~300 ℃。

6. 环境条件

环境温度：（25 ± 2）℃；

相对湿度：不大于 85%。

7. 溶液的组成与制备

（1）溶液的组成

本标准六种溶液的组成和制备 1 L 溶液所需的标准物质如表 3–1。

表 3-1　溶液的组成和制备 1 L 溶液所需的标准物质表

溶液代号	标准物质的名称	分子式	溶液的质量摩尔浓度 /（mol/kg）	所需标准物质质量 /g
B1	四草酸氢钾	$KH_3(C_2H_4)_2 \cdot H_2O$	0.05	12.61
B3	酒石酸氢钾	$KHC_4H_4O_6$	25 ℃饱和	>7
B4	邻苯二甲酸氢钾	KHCsH$_4$O$_4$	0.05	10.12
B6	磷酸氢二钠	Na_2HPO_4	0.025	3.533
	磷酸二氢钾	KH_2PO_4	0.025	3.387
B9	四硼酸钠	$Na_2B_4O_7 \cdot 10H_2O$	0.01	3.80
B12	氢氧化钙	$Ca(OH)_2$	25 ℃饱和	>2

（2）溶液的制备方法

① B1：0.05 mol/kg 四草酸氢钾溶液

称取经（54 ± 3）℃烘干 4~5 h 并在干燥器中冷却后的四草酸氢钾 12.61 g，用水溶解后转入 1 000 mL 容量瓶中，在恒温槽（25 ± 0.2）℃下稀释至刻度。得到的四草酸氢钾标准缓冲溶液在 25 ℃时的 pH 为 1.680。

② B3：饱和（25 ℃）酒石酸氢钾溶液

将过量的酒石酸氢钾（大于 7.0 g/L）和水加入磨口玻璃瓶或聚乙烯瓶中，温度控制在（25 ± 3）℃，剧烈摇动 20~30 min，溶液澄清后，用倾泻法取清液备用。得到的饱和酒石酸氢钾标准缓冲溶液在 25 ℃时的 pH 为 3.559。

③ B4：0.05 mol/kg 邻苯二甲酸氢钾溶液

称取经 110~120 ℃烘干 2 h 并在干燥器中冷却后的邻苯二甲酸氢钾 10.12 g，用水溶解后，转入 1 000 mL 容量瓶中，在恒温槽（25 ± 0.2）℃下稀释至刻度。得到的邻苯二甲酸氢钾标准缓冲溶液在 25 ℃时的 pH 为 4.003。

④ B6：0.025 mol/kg 磷酸氢二钠和 0.025 mol/kg 磷酸二氢钾混合溶液

分别称取经 110~120 ℃下烘干 2~3 h 并在干燥容器中冷却后的磷酸氢二钠 3.533 g、磷酸二氢钾 3.387 g，用水溶解后转入 1 000 mL 容量瓶中，在恒温槽（25 ± 0.2）℃下稀释至刻度。得到的磷酸氢二钠和磷酸二氢钾混合标准缓冲溶液在 25 ℃时的 pH 为 6.864。

注：如果用于 0.02 级以上的仪器，制备溶液所用的水，应预先煮沸 15~30 min，以除去溶解的二氧化碳，在冷却过程中亦应避免与空气接触，防止二氧化碳的污染。

⑤ B9：0.01 mol/kg 四硼酸钠溶液

称取 3.80 g 四硼酸钠（不能烘干），用水溶解后，转入 1 000 mL 容量瓶中，在恒温槽（25 ± 0.2）℃下稀释至刻度。得到的四硼酸钠标准缓冲溶液在 25 ℃时的 pH 为 9.182。

注：如果用于 0.02 级以上的仪器，制备溶液所用的水，应预先煮沸 15~30 min，以除去溶解的

二氧化碳，在冷却过程中亦应避免与空气接触，防止二氧化碳的污染。

⑥ B12：饱和（25 ℃）氢氧化钙溶液

将过量的氢氧化钙（大于 2 g/L）加入磨口玻璃瓶或聚乙烯瓶中，温度控制在（25 ± 3）℃，剧烈摇动 20~30 min，溶液澄清后，用倾泻法取清液备用。得到的饱和氢氧化钙标准缓冲溶液在 25 ℃时的 pH 为 12.460。

（3）市售标准缓冲试剂的配制方法

对于市售包装好的固体粉末状标准缓冲试剂，一般一包可配 250 mL 标准缓冲溶液。

配制时，小心地撕开或剪开产品外包装袋，注意不要将内包装袋剪破。取出内包装袋，轻弹包装袋一侧使粉末脱离包装袋边缘，剪开内包装袋，将粉末小心地倒入 250 mL 容量瓶中或倒在称量纸上称重后再小心地倒入 250 mL 容量瓶中，用少量水冲洗内包装袋和称量纸，稀释至刻度后即可使用。

注：如果生产厂家有其他配制方法，请遵守生产厂家的规定。

8. 溶液的不确定度

基准试剂制备的溶液不确定度为 0.005 pH（k=3）；其他试剂制备的溶液不确定度为 0.01 pH（k=3）。

9. 溶液的保存

B9 和 B12 两种碱性溶液，应装入低压高密度聚乙烯瓶中保存。

其他溶液一般放入冰箱（5~10 ℃）可保存 2~3 个月，若发现有混浊、发霉或沉淀现象时不能继续使用。

使用时，应取与保存时相同材质的小瓶（50 mL 或足够用量），将标准缓冲溶液倒出少许，密闭放置在室温 1~2 h，等温度平衡后再使用。使用后如有剩余，不得再倒入大瓶中，以免污染。一般随取随用，不得过夜。

二、玻璃电极、参比电极、复合玻璃电极

1. 分类

按使用场所分为：实验室型；在线型。

2. 要求

玻璃电极应当满足 GB/T 27756—2011 的要求；参比电极应当满足 GB/T 27757—2011 的要求；复合玻璃电极应当满足 GB/T 27500—2011 的要求。

3. 使用

（1）配制溶液

如待测样品为不需要稀释的液体，则直接取 100 mL 或适量待测样品用于测定。

如待测样品为固体或需要稀释的液体，则应使用水溶解或稀释成不少于 100 mL 的待测样品溶液。稀释浓度应按相关规定执行，制成 50 g/L 的溶液。

（2）校准

取两个标准缓冲溶液，以最接近于待测样品 pH 的标准缓冲溶液为零点，另一标准缓冲溶液为满程，在 25 ℃下按照相关规定的方法标定。

注：若标定时不是 25 ℃则应调整至 25 ℃再进行标定。仪器带有温度补偿功能的，可用分度值为 0.1 ℃的温度计测量标准缓冲溶液的温度并输入到仪器中以使仪器对温度进行补偿后再进行标定。

标定完成后，其标准曲线的斜率应为 90.0%~100.0%。否则应检查可能出现的问题并重新标定。

（3）清洗

将 pH 计置于废液缸上方，用装有水的洗瓶自上而下、由里及外地反复冲洗多次，再用下一待测溶液冲洗。

（4）测定

预先按照（2）进行校准，并用待测样品溶液按照（3）清洗。

将待测样品溶液均匀分为两份，测量其温度，调节温度补偿旋钮至实际温度，将 pH 电极插入待测样品溶液中，调整 pH 计的高度使 pH 计下方玻璃球泡完全浸没于待测样品中。

轻晃烧杯使待测样品与 pH 计下方的玻璃球泡充分接触，待仪器显示值上下波动不超过 0.01 个单位时读出当前示数。

平行测量两次。两次之间的结果相差不应超过 0.1 个单位。

4. 日常维护

（1）玻璃电极

新电极使用前应在水中浸泡 24 h 以上，使用后应立即清洗，并浸于水中保存。

（2）甘汞电极

使用时电极上端小孔的橡皮塞必须拔出，以防止产生扩散电位，影响测定结果。电极内氯化钾溶液中不能有气泡，以防止断路。溶液中应保持有少许氯化钾晶体，以保证氯化钾溶液的饱和。注意电极液络部不被沾污或堵塞，并保持液络部适当的渗出流速。

（3）双盐桥型饱和甘汞电极

盐桥套管内装饱和硝酸铵或硝酸钾溶液。其他注意事项与饱和甘汞电极相同。

（4）复合玻璃电极

①使用时电极下端的保护帽应取下，取下后应避免电极的敏感玻璃泡与硬物接触，以防止电极失效，使用完后应将电极保护帽套上，帽内应放少量外参比补充液饱和氯化钾溶液，以保

持电极球泡的湿润。

②在黏稠性试样中测试之后，电极必须用去离子水反复冲洗多次，以除去粘附在玻璃膜上的试样。有时还需先用其他试剂洗去试样，再用水洗去溶剂，浸入浸泡液中活化。

③使用前发现保护帽中补充液干枯，应在饱和氯化钾溶液中浸泡数小时，以保证电极使用性能。

④使用时电极上端小孔的橡皮塞必须拔出，以防止产生扩散电位，影响测定结果。饱和氯化钾溶液，可以从该小孔加入，电极不使用时，应将橡皮塞塞入，以防止补充液干枯。

⑤应避免长期浸在蒸馏水、蛋白质溶液和酸性氟化物溶液中，避免与有机硅油接触。

⑥经长期使用后，如发现斜率有所降低，可将电极下端浸泡在氢氟酸溶液（4%）中 3~5 s，用蒸馏水洗净，在 0.1 mol/L 盐酸溶液中浸泡，使之活化。

⑦被测溶液中如含有易污染敏感球泡或堵塞液接界的物质而使电极钝化，会出现斜率降低，发生这种现象应根据污染物质的性质，选择适当溶液清洗，使电极复新。部分污染物质及其对应的清洗剂如表 3-2。

表 3-2　部分污染物质及其对应的清洗剂

污染物	清洗剂
无机金属氧化物	低于 1 mol/L 稀酸
有机油脂类物质	稀洗涤剂（弱碱性）
树脂高分子物质	酒精、丙酮、乙醚
蛋白质血球沉淀物	胃蛋白酶溶液（50 g/L）与 0.1 mol/L 盐酸溶液混合
颜料类物质	稀漂白液、过氧化氢

⑧电极不能用四氯化碳、三氯乙烯、四氢呋喃等能溶解聚碳酸树脂的清洗液清洗，因为电极外壳是用聚碳酸树脂制成的，其溶解后极易污染敏感玻璃球泡，从而使电极失效。同样也不能用复合电极去测上述溶液。

精心操作，塑造严谨细致、锲而不舍、追求卓越的科研态度。严谨细致是科学实验的基石，每一个微小的细节都可能影响实验的最终结果。任何科学实验都需要锲而不舍的精神。面对失败不气，持续探索，直至成功。

任务三　氟离子选择性电极的准备与处理

任务描述

学习和掌握如何正确使用及维护氟离子电极。氟离子电极用于测量溶液中氟离子的活度或浓度，广泛应用于化学、生物、环境等领域。但在进行测量之前，需要对电极晶体膜和内部溶液进行检查，以确保电极的准确性和稳定性。同时，为了提高电极的表面稳定性和灵敏度，还需要使用 NaF 溶液进行电极活化。本任务旨在帮助学生掌握氟离子电极的测试前置工作和活化方法，提高实验操作能力和实验安全意识。

学习目标

1. 知识目标

（1）了解电极晶体膜和内部溶液的检查方法；

（2）了解 NaF 溶液在电极活化中的作用和具体操作流程。

2. 能力目标

规范操作，按照实验流程进行操作，提高实验操作能力和实验安全意识。

3. 素养目标

培养探究学习、主动思考和实验的独立思考能力，发现问题并解决问题的能力。

获取信息

在电位分析中，需要一支电极的电极电位不随测量对象的不同和浓度的变化而发生改变，这种电极称为参比电极。而另一支电极的电极电位则随被测溶液中待测离子的浓度变化而改变，即能够指示溶液中待测离子的活度变化，这类电极称为指示电极。由参比电极和指示电极组成的测量系统所获得的电动势可计算出待测离子的活度或浓度。

参比电极和指示电极主要用于测定过程中溶液本体浓度不发生变化的体系，如电位分析。

1. 参比电极

参比电极应具有可逆性、重现性和稳定性好等条件，通常有以下几种。

（1）标准氢电极

根据前述介绍，标准氢电极是确定所有电极的电极电位的基准，也是理想的参比电极。在实际工作中，由于氢电极存在使用不便的缺点，故较少使用。

（2）甘汞电极

甘汞电极是常用的一种参比电极。在玻璃管中将铂丝浸入汞与氯化亚汞的糊状物中，并以氯化亚汞的氯化钾溶液作内充液，即成甘汞电极，其结构如图 3-10 所示。常用的甘汞电极有三种：氯化钾溶液为饱和溶液的是饱和甘汞电极、氯化钾溶液浓度为 1 mol/L 的是当量甘汞电极、氯化钾溶液浓度为 0.1 mol/L 的是 0.1 mol/L 甘汞电极。在 298.15 K 时，当量甘汞电极的电极电位是 0.280 1 V。甘汞电极的制备和保存都很方便，电极电位很稳定，所以用途很广。

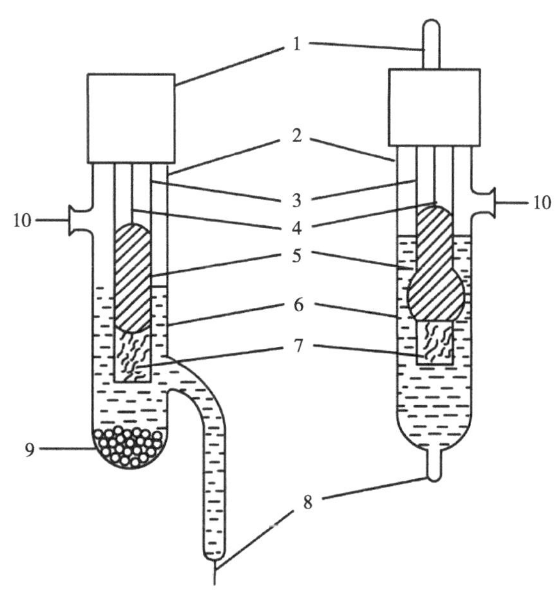

1. 导线（接线柱）　2. 外套管　3. 内套管　4. Pt 丝　5. Hg、Hg_2Cl_2 混合物
6. 内参比溶液　7. 棉花　8. 塞石棉的毛细孔　9. KCl 晶体　10. 加液孔

图 3-10　甘汞电极结构图

（3）银 / 氯化银电极

这也是常用的参比电极之一，其电位为 +0.197 V。银电极和氯化银电极都是不可滴定的，但可以使用饱和的 KCl 溶液来维持电极的稳定性。

（4）双液接参比电极

双液接参比电极由两个相同的参比电极和一个工作电极组成，其基本原理是利用两个参比电极和一个工作电极组成的电化学系统，通过测量参比电极之间的氧化还原势来检测工作电极产生的氧化还原反应。双液接参比电极是一种常见的电化学传感器，具有高灵敏度、高选择性和快速响应等优点，在环境监测等领域得到广泛应用，通过选择合适的工作电极和参比电极，可以实现对特定物质的检测。

2. 指示电极

电位分析法中，电极电位随溶液中待测离子活（浓）度的变化而变化，并指示出待测离子活（浓）度的电极称为指示电极。指示电极能够对溶液中参与电极半反应的离子活度做出快速而灵敏的响应，依据能斯特方程，当溶液中相应离子活度发生变化时，指示电极的电位与离子活度的对数呈线性关系。为避免共存离子的干扰，指示电极对测定的离子应具有较大的选择性，即每种电极仅对特定离子有很高的响应，这也使得指示电极的种类较多。依据指示电极的结构和原理不同，常用的指示电极有金属电极和离子选择性电极两大类。

（1）金属电极

理想的指示电极对离子浓度变化响应快、重现性好，电极电位与待测离子浓度或活度关系符合能斯特方程。

①第一类电极：由金属与该金属离子溶液组成 。例如：Ag-$AgNO_3$ 电极（银电极）

电极反应为：

$$M^{n+} + ne^- \rightarrow M$$

$$E_{M^{n+}/M} = Eq_{M^{n+}/M} + 0.059\,2/n\lg\alpha_{M^{n+}}（25\ ℃）$$

第一类电极的电位值仅与溶液中金属离子的活度有关。

②第二类电极——金属-金属难溶盐电极：由金属与其难溶盐和该难溶盐的阴离子溶液所组成。例如：Ag ｜ AgCl，Cl^-

$$AgCl + e^- \rightarrow Ag + Cl^-$$

③零类电极（惰性金属电极）：由惰性金属（铂或金）与含有可溶性的氧化态和还原态物质的溶液组成。电极不参与反应，只作为溶液中氧化态和还原态获得电子或释放电子的场所。例如：Pt ｜ Fe^{3+}（aFe^{3+}），Fe^{2+}（aFe^{2+}）

$$Fe^{3+} + e^- \rightarrow Fe^{2+}$$

（2）离子选择性电极

根据任务一的介绍可知，离子选择性电极是能正确测定溶液中特定离子活度的电极。离子选择性电极配合参比电极，同时连接上电位差计，能测定多种离子浓度，这种测定方法叫离子电极法。在环境监测中用离子电极法测定，具有以下优点：

①测定对象广泛，空气、水、食品、农药等项监测中均采用离子电极法；

②设备简单，只要配备两根电极和一个毫伏计即可组成测定装置；

③灵敏度高，可测定到的浓度为 6 个数量级；

④样品前处理简单容易。

需要注意的是，用离子选择性电极测定的是活度而不是浓度。离子活度是表示离子在溶液中活动的程度。在较浓的溶液中离子活度不等于离子浓度，在非常稀的溶液中，活度才能和浓度相等。另一个值得注意的是用离子电极法可以测定阴离子，所以用于卤素离子、硝酸根离子和氰根离子非常合适。

任务解析

氟离子电极测试的操作流程包括准备实验材料、检查电极晶体膜和内部溶液、进行电极活化、按照实验流程进行操作，完成氟离子测试实验。

1. 检查电极

查看氟离子电极的晶体膜是否有破损或裂纹，检查电极内溶液是否有气泡。如有异常，需要进行处理或更换。

2. 活化电极

将完好的氟离子电极放入 10^{-3} mol/L NaF 溶液中，活化 1~2 小时。预先准备好活化溶液，并设定好活化时间。

3. 维护电极

实验结束后，对氟离子电极进行清洗、保养。

4. 电极的存储

氟离子单电极的感应元件必须用去离子水清洗干净，在存储过程中保持干燥。如果存储时间超过 8 小时，在膜头上套上保护瓶。复合电极的参比溶液注意不要被蒸发，以产生结晶。在测试前，如果电极存储时间少于一个星期，可以在 50 mL 的去离子水中加入 50 mL 的 TISAB 浸泡。如果存储时间超过一个星期，则应清洗电极，并擦干，然后放进原来的包装内。

注意事项：

（1）将电极头部的保护帽去除时注意：不要用手指碰到敏感部位。

（2）单电极：将参比溶液加到与之配套的参比电极中。

（3）可加液式复合电极：将参比溶液加入参比腔体内，并保证测试过程中，加液孔开放。

a. 向下滑动电极加液帽的套筒，打开加液孔。

b. 在参比腔内加入已提供的参比溶液。

c. 向下甩动电极（像甩温度计一样），去除内部气泡。

d. 参比溶液的顶部必须高于内芯焊接点，到电极前端约 7.62 cm（3 英寸）。

（4）不可充复合电极参比液为凝胶且密封，不需要填充液。

（5）用去离子水清洗电极，吸干，不要擦干。

（6）把电极放到电极支架上。将电极前端浸在去离子水中 5 分钟，并同时搅拌水溶液。这样能够充分清洗电极。

进行决策

引导问题 1. 电极如何命名？

引导问题 2. 电极的表达式如何书写？

引导问题 3. 使用氟离子选择性电极测试前需要做哪些准备工作？

引导问题 4. 如何检查电极晶体膜和内部溶液？

引导问题 5. 如何进行 NaF 溶液的电极活化？

引导问题 6. 氟离子电极测试的基本原理是什么？

引导问题 7. 检查电极晶体膜和内部溶液的方法是什么？

引导问题 8. 请说明 NaF 溶液在电极活化中的作用和具体操作流程。

任务实施

1. 请将以下氟离子选择性电极各操作流程的工作内容填写在表中。

序号	说明	工作内容
1	准备工作	
2	检查电极晶体膜和内部溶液	
3	NaF 溶液的电极活化	
4	连接仪器	
5	清洗电极	

2. 请在下表中填写 NaF 标准储备液（1 mg/mL）和 NaF 标准稀释液（0.01 mg/mL）的配制方法。

序号	名称	配制方法
1	NaF 标准储备液（1 mg/mL）	
2	NaF 标准稀释液（0.01 mg/mL）	

评价反馈

1. 学习总结（收获、感受、注意事项）

2. 学习评价

评价指标	评价要点	等级评定	
		自评	教师评价
准备工作	准备电极 NaF 溶液 吸水纸 实验器材 其他材料		
检查电极晶体膜和内部溶液	清洁电极晶体膜，遵循操作规范进行检查 检查电极内溶液是否有气泡		
NaF 溶液的电极活化	使用 NaF 溶液活化电极 活化时间 1~2 h		
连接仪器	氟电极接“–”，饱和甘汞电极接“+” mV 挡测量 开启仪器开关，预热仪器		
清洗电极	清洗电极 mV 计读数小于 350 mV，更换蒸馏水 继续清洗，直至读数大于 350 mV		
安全	安全意识		
总成绩			

能力拓展

氟离子选择性电极测定氟离子超过浓度范围电极会不会钝化

不论氟离子浓度是否超标，电极钝化还是会持续产生，只是程度多少而已。因为钝化跟被动膜有关，浓度只是形成被动膜好坏的变因之一。至于如何高效测量氟离子浓度，就是要尽量消除干扰因素，如 pH、温度和阳离子干扰物质，通常加入总离子强度调节缓冲液来解决。

氟化物是人体必须的微量元素之一，以氟离子的形式广泛存在于自然水体之中。同时含氟化合物由于结构不同，毒性也不同，主要与氟化物离解出氟离子的能力有关。饮用水中含氟的适宜浓度为 0.5~1.0 mg/L，长期饮用含量大于 1~1.5 mg/L 的高氟水则会给人体带来不利影响，严重的会引起氟斑牙和氟骨病。而氟化物的测定方法主要有：氟离子选择性电极法、氟试剂比色法、茜素磺酸锆比色法和硝酸钍滴定法。比色法适用于氟含量较低的样品，且误差比较大。氟含量大于 5 mg/L 时，可以用硝酸钍滴定法，但要进行蒸馏，比较麻烦。离子选择性电极法选择性好，具有快速、灵敏、适用范围广等特点，因此饮用水源中水质情况和污水排放中选用离子选择性电极法较适合。

离子选择性电极（ion selective electrode， ISE）是指对某种特定的离子具有选择性响应。它能将溶液中特定的离子含量转换成相应的电位，从而实现化学量到电学量的转换，而对溶液中的离子浓度进行测量。氟离子选择性电极是一种以氟化镧（LaF_3）单晶片为敏感膜的传感器，由于单晶结构对能进入晶格交换的离子有严格的限制，故有良好的选择性。LaF_3 的晶格中存在晶体缺陷空穴，由于该空穴的大小、形状和电荷的分布，只能允许 F 离子进入空穴，其他离子不能进入，因而 LaF_3 晶体膜对氟离子有选择性响应。

离子在晶体中的导电过程，是借助于晶格缺陷而进行的。挨近缺陷空穴的导电离子，能够运动至空穴中： LaF_3 ＋空穴→ $LaF^{2+}+F^-$。由于 LaF_3 晶体膜中的 F 离子可以移动，而 La^{3+} 固定在膜相中，不参与电荷的传递。当把氟电极浸入被测试液中，试液中的氟离子向氟电极表面扩散进入膜相，而膜相中的氟离子也可以进入溶液，产生界面电位。同时由于电极膜两侧的溶液浓度不同，电极表面离子向溶液中扩散的速度不同，就在 LaF_3 晶体膜内产生扩散电位。这两种电位之和即为电极的膜电位。测定指示电极与参比电极间的电位差（即电动势），进而求出被测组分的活度（一定条件下测得浓度）。

然而，当电化学反应的生成物溶解度很低时，会在电极板表面上生成一不溶性的薄膜，称为被动膜。因为被动膜通常不是电的良导体，故阻抗极化过电压往往远大于活性极化过电压及浓度极化过电压。被动膜形成后会使腐蚀反应钝化，此时电流不会随着电位的升高而增加，甚至反而会降低，直到孔蚀现象发生后，电流才会再度随着电位的升高而增加。而采用氟离子选择性电极法，具体做法是于水样中加入含有强螯合剂之缓冲液（即总离子强度调节缓冲液），可将氟盐复合物（如铝或铁等的氟盐）转化成自由氟离子，并消除阳离子及 pH 之干扰，利用氟选择性电极与参考电极，测定水样中氟离子之氧化电位，以决定氟离子之活性或浓度。至于对于氟离子选择性电极，主要干扰因素有 pH、温度和干扰物质的影响。消除这些影响因素的方法是在标准溶液和试样溶液中加入螯合剂之缓冲液，可以控制溶液的 pH，消除溶液间离子强度差异对电位的影响。还能做掩蔽剂，与铁、铝等离子形成络合物，以消除它们因与氟离子发生络合反应而产生的干扰。

“治学三境界”启示我们，学习不仅要有远大追求，也要勤奋努力、刻苦钻研，耐得住清冷和寂寞，更重要的是要善于独立思考，坚持学用结合、学有所悟、用有所得，在学习和实践中领悟真谛。

任务四　电位法测定水中氟离子含量的校准曲线绘制

任务描述

在日常饮用水中，氟离子含量是一项必须注意的指标，因为过量的氟离子可能导致牙齿和骨骼的问题。为了检测水中的氟离子含量，本次任务将通过电位法测定水中的氟离子含量，并绘制氟离子的标准曲线。电位法是一种常用的化学分析方法，通过测量样品与参比电极间的电势差来测定各种物质的浓度。在本实验中，学生需要学会如何准确地量取样品并操作仪器，然后通过实验数据建立氟离子的标准曲线，最终达到测定水中氟离子含量的目的。通过此任务，旨在提高学生的实验操作技能和数据分析能力。

学习目标

1. 知识目标

（1）学习电位法的原理及其应用；

（2）了解氟离子在日常饮用水中的重要性；

（3）掌握氟离子校准曲线的绘制方法。

2. 能力目标

（1）提高实验操作技能；

（2）增强数据分析能力；

（3）培养进行实验数据建模的能力。

3. 素养目标

（1）增强对仪器分析实验的兴趣；

（2）培养团队协作和沟通能力；

（3）提高对仪器分析实验的安全意识。

获取信息

将离子选择性电极（指示电极）和参比电极插入试液可以组成测定各种离子活度的电池，电池电动势为离子选择性电极作正极时，对阳离子响应的电极，式中取正号，对阴离子响应的电极取负号。

确定待测离子活度（或浓度）时，通常使用下列几种方式。

1. **标准曲线法**

用待测离子的纯物质配制一系列不同浓度的标准溶液，并用总离子强度调节缓冲溶液（以下简称 TISAB）保持溶液的离子强度相对稳定（离子活度系数保持不变时，膜电位才与 $\lg c_i$ 呈线性关系），分别测定各溶液的电位值，绘制 E–$\lg c_i$ 关系曲线，最后由测定的未知试样的电位值在标准曲线上查出对应的试样浓度。TISAB 的作用主要有：第一，维持试液和标准溶液恒定的离子强度；第二，保持试液在离子选择性电极适合的 pH 范围内，避免 H^+ 或 OH^-的干扰；第三，使被测离子释放成为可检测的游离离子。例如用氟离子选择性电极测定水中的 F^-所加入的 TISAB 的组成 NaCl（1 mol · L^{-1}）、HAc（0.25 mol · L^{-1}）、NaAc（0.75 mol · L^{-1}）及柠檬酸钠（0.001 mol · L^{-1}）。其中 NaCl 溶液用于调节离子强度；HAc-NaAc 组成缓冲体系，使溶液 pH 保持在氟离子选择性电极适合的 pH 范围（5~5.5）之内；柠檬酸钠作为掩蔽剂消除 Fe^{3+}、Al^{3+} 的干扰。值得注意的是，所加入的 TISAB 中不能含有能被所用的离子选择性电极所响应的离子。

2. **标准加入法**

标准加入法，又名标准增量法或直线外推法，是一种被广泛使用的检验仪器准确度的测试方法。这种方法尤其适用于检验样品中是否存在干扰物质。

设某一试液体积为 V_0，其待测离子的浓度为 c_x，测定的工作电池电动势为 E_1，则

$$E_1 = K + \frac{2.303RT}{nF}\lg(\gamma_1 c_x)$$

式中，γ_1是活度系数；c_x是待测离子的总浓度。往试液中准确加入一小体积 V_s（大约为 V_0 的 1/100）的用待测离子的纯物质配制的标准溶液，浓度为 c_s（约为c_x的 100 倍）。由于 $V_0 \geqslant V_s$，可认为溶液体积基本不变，则浓度增量为

$$\Delta c = \frac{c_s V_s}{V_0}$$

再次测定工作电池的电动势 E_2

$$E_2 = K + \frac{2.303RT}{nF}\lg\gamma_2(c_x + \Delta c)$$

可以认为$\gamma_2 \approx \gamma_1$，则

$$\Delta E = E_2 - E_1 = \frac{2.303RT}{nF}\lg\left(1 + \frac{\Delta c}{c_x}\right)$$

令$S = \dfrac{2.303RT}{nF}$

则$\Delta E = S\lg\left(1+\frac{\Delta c}{c_x}\right)$

$$c_x = \Delta c(10^{\frac{\Delta E}{S}} - 1)^{-1}$$

上式即为标准加入法的浓度计算式。

3. 格氏（Gran）作图法

格氏作图法相当于多次标准加入法，假如试液的浓度为 c_x，体积为 V_x，加入浓度为 c_s 含被测离子的标准溶液 V_s 后，测得电池电动势为 E，则

$$E = K' + S\lg\frac{c_xV_x + c_sV_s}{V_x + V_s}$$

$$(V_x + V_s)10^{\frac{E}{S}} = (c_xV_x + c_sV_s)10^{\frac{K'}{S}}$$

在体积为V_x的试液中，每加一次待测离子标准溶液V_s mL，就测量一次电池电动势 E，并计算出相应的$(V_x + V_s)10^{\frac{E}{S}}$，再在一般坐标纸上，以此值为纵坐标，以加标准溶液体积V_s为横坐标作图，将得一直线，如图 3–9 所示。

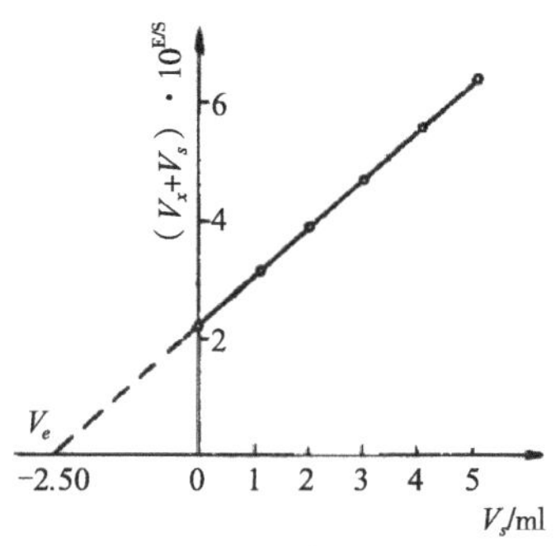

图 3-9　格氏作图法

将直线外推，在横轴相交于 V_e。此时

$$(V_x + V_s)10^{\frac{E}{S}} = 0$$

根据$(V_x + V_s)10^{\frac{E}{S}} = (c_xV_x + c_sV_s)10^{\frac{K'}{S}}$，则

$$c_xV_x + c_sV = 0$$

所以　$c_x = \frac{c_sV_e}{V_x}$

格式作图法具有简便、准确及灵敏度高的特点。现在市场上可以购买到的格式坐标纸，可

以避免将 E 换算成$10^{\frac{E}{S}}$的数学计算，加快分析速度。格式作图法适合于低浓度物质的测定。

4. 浓度直读法

与使用酸度计测量试液 pH 相似，测定溶液中待测离子的活（浓）度，也可以由经过标准溶液校正后的测量仪器上直接读出待测溶液的 pX 或 X 的浓度值，这就是浓度直读法。该方法简单快捷，所用的仪器称为离子计。

5. 电位测定中的误差

电动势与待测试样浓度间的关系为

$$E = K + \frac{RT}{nF}\ln(\gamma c)$$

对上式微分得

$$\mathrm{d}E = \frac{RT}{nF} \times \frac{\mathrm{d}c}{c}$$

以有限量表示为（25 ℃）

$$\frac{\Delta c}{c} = \frac{RT}{nF}\Delta E = 0.04n\Delta E$$

浓度的测定误差大小与电位测定的误差和离子价态有关，与测定溶液体积和被测离子浓度无关。当电位读数误差为 10 mV 时，对于一价离子由此引起结果的相对误差为 4%，对于二价离子，则相对误差为 8%，故电位分析多用于测定低价离子。在标准加入法测定时，每个试样需要测定和读取两次电位值，误差也将增加。

任务解析

通常采用校准曲线法（也叫标准曲线法）测定水中氟离子含量。氟电极与饱和甘汞电极组成一对原电池。利用电动势与离子活度负对数值的线性关系直接求出水样中氟离子浓度。

一、操作步骤

用测定离子的纯物质（NaF）配制一系列不同浓度的标准溶液，并用 TISAB 保持溶液的离子强度相对稳定，分别测定各溶液的电位值，绘制如图 3-11 所示的关系曲线。并从标准曲线查出被测试液的$\lg c_{F^-}$，计算出试样中的氟含量。测定氟含量时，温度、pH、离子强度、共存离子均要影响测定的准确度。

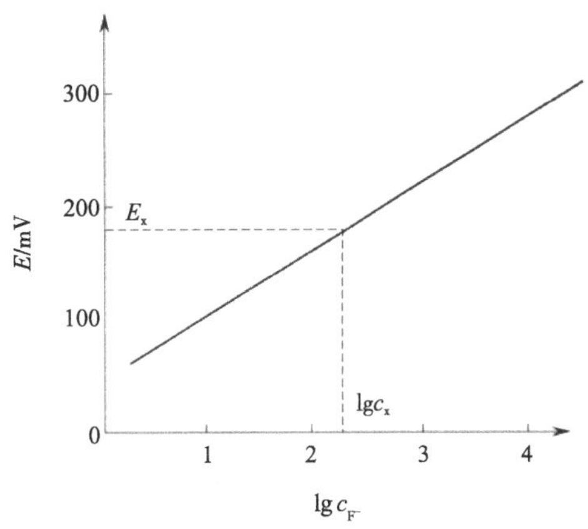

图 3-11　E- $\lg c_{F^-}$关系曲线

1. 校准曲线的绘制

用无分度吸管分别吸取 1.00 mL、3.00 mL、5.00 mL、10.0 mL、20.0 mL 氟化物标准溶液，置于 50 mL 容量瓶中，加入 10 mL 总离子强度调节缓冲溶液，用水稀释至标线，摇匀，分别注入 100 mL 聚乙烯杯中，各放入一只塑料搅拌棒，以浓度由低到高为顺序，分别依次插入电极，连续搅拌溶液，待电位稳定后，在继续搅拌时读取电位值 E。在每一次测量之前，都要用水冲洗电极，并用滤纸吸干。在半对数坐标纸上绘制 E（mV）- $\lg c_{F^-}$（mg/L）校准曲线，浓度标示在对数分格上，最低浓度标示在横坐标的起点线上。

2. 实验数据记录及处理

测定数据如表 3–3。

表 3-3　氟标准溶液电位值测定数据

编　号	1	2	3	4	5
浓度 /（mg · L^{-1}）	1×10^{-2}	1×10^{-3}	1×10^{-4}	1×10^{-5}	1×10^{-6}
电位值 /mV					

3. 校准曲线作图

4. 根据校准曲线得到的氟离子浓度对数值$\lg c_{F^-}$，通过反对数运算得到氟离子的实际浓度c_{F^-}

若水样在测定前进行了稀释，需根据稀释倍数计算原水样中的氟离子浓度。例如，若水样稀释了 50/20 倍，则原水样中的氟离子浓度为：$c_{F^-}=\dfrac{1\times10^{\lg c_{F^-}}\times50}{20}$。

例如，如果用移液管吸取 10 mg/L 的氟离子标准溶液 0.00 mL、1.00 mL、2.00 mL、3.50 mL、6.00 mL、10.00 mL 分别放入 50 mL 容量瓶中，加入络合缓冲溶液（TISAB）10 mL，用去离子水稀释至刻度，摇匀，即得到 F 浓度为 0.00 mg/L、0.20 mg/L、0.40 mg/L、0.70 mg/L、

1.20 mg/L、2.00 mg/L 的标准溶液。将标准溶液从低到高浓度逐个转入塑料小烧杯中，插入电极，开动搅拌，测定电位。作出 E–lg c 图像曲线。移液管移取 25 mL 水样于 50 mL 容量瓶中，加入 10 mL TISAB 溶液，稀释至刻度。另取一个烧杯按照以上步骤测定水样电位，根据曲线求出水样中氟离子浓度。

数据记录和处理如下：

氟标准溶液 /mL	0.00	1.00	2.00	3.50	6.00	10.00	水样	混合
氟含量 / ($mg \cdot L^{-1}$)	0.00	0.20	0.40	0.70	1.20	2.00	c_x	c_y
电位 E/mV	433	395	372	357	344	329	339	280

作出 $E-\lg c_{F^-}$ 曲线如下：

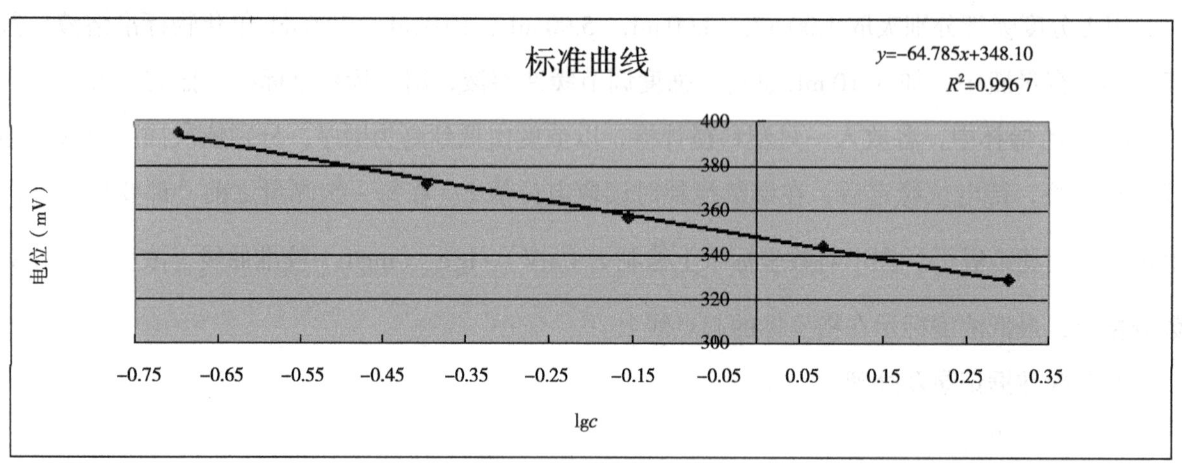

根据 $E-\lg c_{F^-}$ 的图像，可以看出实验数据基本符合线性关系，且

$$E = -64.785\lg c_{F^-} + 348.10。$$

从而根据水样和混合样的电位可以求出氟离子浓度分别为：c_x=1.382 mg/L，c_y=11.25 mg/L。根据线性相关，E=339 mV，可以知道浓度应该略过 1.20 mg/L，这与计算值符合。计算原水样中氟含量为 1.382 × 2=2.764 mg/L。而根据混合样中加入 5 mL 氟标准样（10 mg/L），可以计算由混合样得到的水样中氟含量为（11.25–10 ÷ 50/5）× 2=20.50 mg/L。两个数据结果完全偏离正常值，而且相互间存在数量级上的差异，应该是实验操作失误。

二、TISAB 的作用

1. 维持试液和标准溶液恒定的离子强度。

2. 保持试液在离子选择电极适合的 pH 范围内，避免 H^+ 或 OH^- 的干扰。

3. 使被测离子释放成为可检测的游离离子。

例如，用氟离子选择电极测定水中的 F^- 所加入的 TISAB 的组成为 NaCl（1 mol/L）、HAc

（0.25 mol/L）、NaAc（0.75 mol/L）及柠檬酸钠（0.001 mol/L）。其中 NaCl 溶液用于调节离子强度；HAc-NaAc 组成缓冲体系，使溶液 pH 保持在氟离子选择电极适合的 pH（5~5.5）；柠檬酸钠作为掩蔽剂，消除 Fe^{3+}、Al^{3+} 的干扰。

值得注意的是，所加入的 TISAB 中不能含有能被所用的离子选择电极所响应的离子。

进行决策

1. 查阅资料了解电位法测定氟离子含量的原理和流程，并完成下表。

序号	检索项目	查阅内容
1	电位法测定氟离子含量的原理	
2	能斯特方程	
3	电位法测定氟离子含量的流程	

2. 查阅资料了解氟离子在水中的含量、作用和影响。

3. 电位法测定水中氟离子含量的校准曲线绘制需要哪些试剂和仪器？

4. 根据校准曲线法的操作步骤填写下表。

序号	步骤	操作内容
1	准备仪器和试剂	
2	标准溶液配制	
3	电极的预处理	
4	校准电极	
5	绘制校准曲线	
6	清洗并存储电极	

5. 使用 pH 计测量离子浓度前需要做哪些准备？

6. 如何在 pH 计的 mV 模式下测量离子浓度？

7. 电位法测定水中氟离子含量的校准曲线绘制过程中，有哪些注意事项？

任务实施

1. 按照实验步骤进行操作，并将氟标准溶液电位值测定数据填写在下表中。

编　号	1	2	3	4	5
浓度 / ($mg \cdot L^{-1}$)	1×10^{-2}	1×10^{-3}	1×10^{-4}	1×10^{-54}	1×10^{-6}
电位值 /mV					

2. 分析实验数据，绘制氟离子标准曲线。

评价反馈

1. 学习总结（收获、感受、注意事项）

2. 学习评价

评价指标	评价要点	等级评定	
		自评	教师评价
准备仪器和试剂	氟离子选择性电极 pH 计 磁力搅拌器 搅拌子 试剂（包括缓冲溶液和氟离子标准溶液）		

续表

评价指标	评价要点	等级评定	
		自评	教师评价
标准溶液配制	准备不同浓度的氟离子标准溶液 严格按照操作规程配制		
电极的预处理	清洗 检查工作状态 连接到 pH 计		
校准电极	逐一测量标准溶液的电位 利用磁力搅拌器保持搅拌均匀 记录每个标准溶液的电位值		
清洗电极	清洗电极 mV 计读数小于 350 mV，更换蒸馏水 继续清洗，直至读数大于 350 mV		
绘制校准曲线	氟离子浓度作为横坐标 电位作为纵坐标 绘制校准曲线		
清洗并存储电极	使用去离子水清洗氟离子选择电极 按照说明书的要求存储		
“7S”管理在任务实施过程中的应用	能运用所学的“7S”管理知识，维护和保养离子选择性电极、pH 计；完成电化学实训室整理、整顿与清扫工作		
总成绩			

能力拓展

废水中氟超标怎么办

氟超标对环境和人体都存在很大影响，常用的含氟废水处理方法有以下几种。

1. 化学沉淀法

对于高浓度含氟工业废水，一般采用钙盐沉淀法，即向废水中投加石灰，使氟离子与钙离子生成 CaF_2 沉淀而除去。该工艺具有方法简单、处理方便、费用低等优点，但存在处理后出水很难达标、泥渣沉降缓慢且脱水困难等缺点。氟化钙在 18 ℃时于水中的溶解度为 16.3 mg/L，按氟离子计为 7.9 mg/L，在此溶解度的氟化钙会形成沉淀物。氟的残留量为 10~20 mg/L 时形成沉淀物的速度会减慢。当水中含有一定数量的盐类，如氯化钠、硫酸钠、氯化铵时，将会增大氟化钙的溶解度。因此用石灰处理后的废水中氟含量一般不会低于 20~30 mg/L。石灰的价格便宜，但溶解度低，只能以乳状液投加，由于生产的 CaF_2 沉淀包裹在 $Ca(OH)_2$ 颗粒的表面，使之不能被充分利用，因而用量大。投加石灰乳时，即使其用量使废水 pH 达到 12，也只能使废水中氟离子浓度下降到 15 mg/L 左右，且水中悬浮物含量很高。当水中含有氯化钙、硫酸钙等可溶性的钙盐时，由于同离子效应而降低氟化钙的溶解度。含氟废水中加入石灰与氯化钙的混合物，经中和澄清和过滤后，pH 为 7~8 时，废水中的总氟含量可降到 10 mg/L 左右。为使生成的沉淀物快速聚凝沉淀，可在废水中单独或并用添加常用的无机盐混凝剂（如三氯化铁）或高分子混凝剂（如聚丙烯酰胺）。为不破坏这种已形成的絮凝物，搅拌操作宜缓慢进行，生成的沉淀物可用静止分离法进行固液分离。在任何 pH 下，氟离子的浓度随钙离子浓度的增大而减小。在钙离子过剩量小于 40 mg/L 时，氟离子浓度随钙离子浓度的增大而迅速降低，而钙离子浓度大于 100 mg/L 时，氟离子浓度随钙离子浓度的变化缓慢。因此，在用石灰沉淀法处理含氟废水时不能用单纯提高石灰过剩量的方法来提高除氟效果，而应在除氟效率与经济性二者之间协调考虑，使之既有较好的除氟效果又尽可能少地投加石灰。这也有利于减少处理后排放的污泥量。

2. 絮凝沉淀法

氟离子废水的絮凝沉淀法常用的絮凝剂为铝盐。铝盐投加到水中后，利用 Al^{3+} 与 F^- 的络合以及铝盐水解中间产物和最后生成的 $Al(OH)_3(am)$ 矾花对氟离子的配体交换、物理吸附、卷扫作用去除水中的氟离子。与钙盐沉淀法相比，铝盐絮凝沉淀法具有药剂投加量少、处理量大、一次处理后可达国家排放标准的优点。硫酸铝、聚合铝等铝盐对氟离子都具有较好的混凝去除效果。

使用铝盐时，混凝最佳 pH 为 6.4~7.2，但投加量大，根据不同情况每立方米水需投加 150~1 000 g，这会使出水中含有一定量的对人体健康有害的溶解铝。使用聚铝后，投加量可减少一半，絮凝沉淀的 pH 范围扩大到 5~8。聚铝的除氟效果与聚铝本身的性质有关，碱化度为 75% 的聚铝除氟最佳，投加量以水中 F 与 Al 的摩尔比为 0.7 时最佳。

铝盐絮凝沉淀法也存在着明显的缺点，即使用范围小，若含氟量大，混凝剂使用量多，处理费用较大，产生污泥量多；氟离子去除效果受搅拌条件、沉降时间等操作因素及水中 SO_4^{2-}、Cl^- 等阴离子的影响较大，出水水质不够稳定，这与目前对混凝除氟机理认识还很不够有关，研究絮凝除氟机理具有明显的现实意义。

铝盐絮凝去除氟离子机理比较复杂，主要有吸附、离子交换、络合沉降三种作用机理。

（1）吸附。铝盐絮凝沉淀除氟过程为静电吸附，最直接的证据是 AC 或 PAC 含氟絮体由于吸附了带电荷的氟离子，正电荷被部分中和，相同 pH 条件下 ζ 电位要比其本身絮体低。另一证据是当水中 SO_4^{2-}、Cl^- 等阴离子的浓度较高时，由于存在竞争，会使絮凝过程中形成的 $Al(OH)_3$ 矾花对氟离子的吸附容量显著减少。

（2）离子交换。氟离子与氢氧根的半径及电荷都相近，铝盐絮凝除氟过程中，投加到水中的 $Al_{13}O_4(OH)_{14}^{7+}$ 等聚羟阳离子及其水解后形成的无定性 $Al(OH)_3(am)$ 沉淀，其中的 OH^- 与 F^- 发生交换，这一交换过程是在等电荷条件下进行的，交换后絮体所带电荷不变，絮体的 ζ 电位也不会因此升高或降低，但这一过程中释放出的 OH^-，会使体系的 pH 升高，说明离子交换也是铝盐除氟的一个重要的作用方式。

（3）络合沉淀。F^-能与 Al^{3+} 等形成从 AlF^{2+}、AlF_2^+、AlF_3 到 AlF_6^{3-}共 6 种络合物，溶液化学平衡的计算表明，在 F^-浓度为 $1\times10^{-4}\sim1\times10^{-2}$ mol/L 的铝盐混凝除氟体系中，pH 为 5~6 的情况下，主要以 AlF^{2+}、AlF_3、AlF_4^-和 AlF_5^{2-}等形态存在，这些铝氟络合离子在絮凝过程中会形成铝氟络合物［$AlF_x(OH)_{(3-x)}$ 和 $Na_{(x-3)}AlF_x$］或夹杂在新形成的 $Al(OH)_3$（am）絮体中沉降下来，絮体的 IR 和 XPS 谱图最终观察到的铝氟络离子 $AlF_x^{(3-x)+}$一部分是络合沉降作用的结果，另一部分则可能是离子交换的产物。

严格要求，培养学生实事求是、吃苦耐劳、精益求精的工匠精神。实事求是是中国共产党的光荣传统，是毛泽东同志提出的重要思想，在科学研究中尤其重要。同时，科学实验容不得半点差错，要胆大心细、不怕吃苦，要具有精益求精的工匠精神。

任务五　未知水样中氟离子含量的测定

任务描述

本任务要求完成对未知水样中氟离子含量的检测，根据实验结果对水样的水质安全性进行分析和判断，掌握氟离子浓度检测方法，培养学生独立思考及解决问题的能力。

学习目标

1. 知识目标

（1）掌握氟离子检测方法；

（2）了解氟离子在水中的环境影响和安全浓度；

（3）掌握水质分析方面的基础知识和操作技巧。

2. 能力目标

（1）提升实验操作能力和实验数据分析能力；

（2）培养独立思考、解决问题和评估结果的能力。

3. 素养目标

（1）增强环境保护意识，提高对水资源珍惜的认识；

（2）培养合作精神，提高团队协作能力。

获取信息

氟离子选择性电极是以氟化镧单晶片为敏感膜的指示电极，它对溶液中的氟离子有良好的选择性响应。当氟离子选择性电极与作为参比电极的甘汞电极插入试液中，组成测量原电池时，电池电动势 E 在一定的条件下与 F^- 活度 α_{F^-} 的对数值呈直线关系。测量时，若指示电极（氟离子选择性电极）为正极，则

$$E = K' - \frac{2.303RT}{F}\lg \alpha_{F^-}$$

当溶液的总离子强度不变时，离子活度系数也是常数，于是上式可写成

$$E = K - \frac{2.303RT}{F}\lg c_{F^-}$$

式中，K 为截距电位，包括内外参比电极电位、液接电位、不对称电位和离子活度系数的对数项等，一定测量条件下是常数。上式表明，在一定温度下，当溶液中离子强度保持不变，E 和 F^- 浓度的对数呈直线关系。

为了保持溶液中总离子强度不变，通常在标准溶液与试样溶液中同时加入等量的惰性电解质作总离子强度调节缓冲溶液（TISAB）。

溶液的酸度对测定有影响。酸性溶液中，H^+ 与部分 F^- 形成 HF 或 HF_2^-，降低 F^- 浓度；在碱性溶液中，LaF_3 薄膜与 OH^- 发生交换作用而使 F^- 浓度增加。氟离子选择性电极最适宜于 pH 在 5.5~6.5 范围内测定，故通常用 pH=6 的柠檬酸缓冲溶液来控制溶液的 pH，柠檬酸盐还可消除 Al^{3+}、Fe^{3+} 等对 F^- 的干扰。

氟电极的选择性良好，除了与 F^- 生成稳定配合物或难溶沉淀的元素（如 Al、Fe、Zr、Th、Ca、Mg、Li 及稀土等）会干扰测定外，10^3 倍以上的 Cl^-、Br^-、I^-、SO_4^{2-}、HCO_3^-、NO_3^-、Ac^-、$C_2O_4^{2-}$ 等阴离子均不干扰，加入总离子强度调节缓冲溶液，可以使溶液中离子平均活度系数保持定值，并控制溶液的 pH 和消除共存离子的干扰。

当 F^- 浓度在 $1 \sim 10^{-6}$ mol · L^{-1} 范围内，F^- 电极电位与 pF（即 $-\lg\alpha_{F^-}$）成直线关系，可用标准曲线法和标准加入法测定。

任务解析

一、采样与样品

1. 试样

实验室样品应该用聚乙烯瓶采集和贮存。如果水样中氟化物含量不高，pH 在 7 以上，也可以用硬质玻璃瓶存放。采样时应先用水样冲洗取样瓶 3~4 次。

2. 试份

试样如果成分不太复杂，可直接取出试份。如果含有氟硼酸盐或者污染严重，则应先进行蒸馏。

3. 步骤

在沸点较高的酸溶液中，氟化物可形成易挥发的氢氟酸和氟硅酸，与干扰组分按以下步骤分离：准确取适量（例如 25.00 mL）水样，置于蒸馏瓶中，并在不断摇动下缓慢加入 15 mL 高氯酸，按图 3-12 连接好装置，加热，待蒸馏瓶内溶液温度约 130 ℃时，开始通入蒸汽，并维持温度在（140 ± 5）℃，控制蒸馏速度约 5~6 mL/min，待接收瓶馏出液体积约 150 mL 时，停止蒸馏，并用水稀释至 200 mL，供测定用。

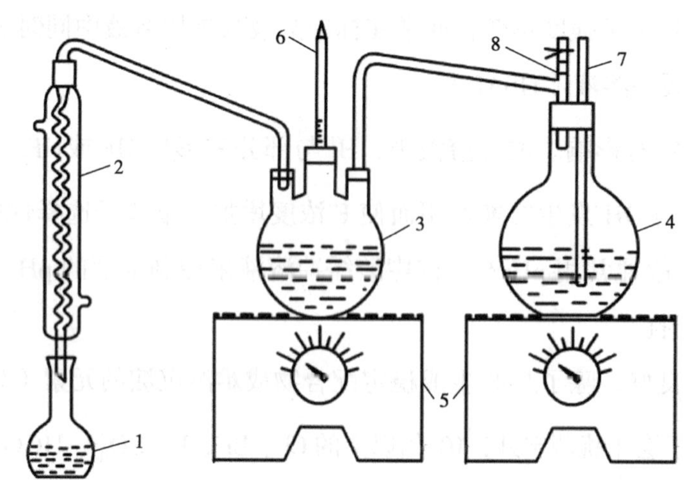

1. 接收瓶（200 mL 容量瓶） 2. 蛇形冷凝管 3. 250 mL 直口三角烧瓶 4. 水蒸气发生瓶
5. 可调电炉 6. 温度计 7. 安全管 8. 三通管（排气用）

图 3-12 氟化物水蒸气蒸馏装置

二、水样测定

1. 仪器的准备

按测定仪器及电极的使用说明书进行。

2. 测定条件

在测定前应使试份达到室温，并使试份和标准溶液的温度相同（温差不得超过 ± 1 ℃）。

3. 测定步骤

用无分度吸管吸取适量试份，置于 50 mL 容量瓶中，用乙酸钠或盐酸调节至近中性，加入 10 mL 总离子强度调节缓冲溶液，用水稀释至标线，摇匀，将其注入 100 mL 聚乙烯杯中，放入一只塑料搅拌棒，插入电极，连续搅拌溶液，待电位稳定后，在继续搅拌时读取电位值 E_x。在每一次测量之前，都要用水充分冲洗电极，并用滤纸吸干。根据测得的毫伏数，从校准曲线上查找氟化物的含量。

4. 空白试验

用水代替试份，按 3 的条件和步骤进行空白试验。

三、结果的表示

1. 计算方法：氟含量以 mg/L 为单位进行表示

根据测定所得的电位值，在校准曲线上查找并确定对应的氟离子含量（单位为 mg/L）。测定结果可以直接以氟离子的 mg/L 形式表示，也可以根据需要使用其他合适的单位或形式进行表示。当试样中的氟化物含量较低时，为了获得更准确的氟离子含量，应从测定值中扣除空白试验值。

2. 精密度和准确度评估

（1）对于含有 1.0 μg/mL 氟离子、10 倍量铝（Ⅲ）、200 倍量铁（Ⅲ）及硅（Ⅳ）的合成水样，进行了 9 次平行测定。测定结果显示，相对标准偏差为 0.3%，加标回收率为 99.4%。这一数据表明该方法具有较高的精密度和准确度。

（2）对来自化工厂、玻璃厂、磷肥厂等十几种不同类型的工业废水进行了 23 个实验的分析。分析结果显示，回收率均在 90%~108% 之间。这一回收率范围进一步验证了该方法在实际应用中的可靠性和准确性。需要注意的是，回收率的具体数值可能受到多种因素的影响，包括废水成分、处理工艺以及实验条件等。

进行决策

1. 电位法测定水中氟离子含量时，在什么情况下需要使用氟化物水蒸气蒸馏装置?

2. 在对水样进行预处理时，为什么优先采用水蒸气蒸馏，而不是直接蒸馏?

3. 请判断：对于自来水样本，首先需要过滤和稀释，然后再进行氟离子检测。（　　）

4. 测定自来水中氟离子含量时，不能用于测定的试剂是（　　）。

A. 钼酸铵试剂　　B. 氧化铁试剂　　C. 三氯化铁试剂　　D. 碘化钾试剂

5. 在进行校准曲线测定时，以下哪种浓度的氟离子标准溶液更适合用于制备校准曲线?（　　）

A. 0.001 mg/L　　B. 0.1 mg/L　　C. 10 mg/L　　D. 1 000 mg/L

6. 请判断：制备校准曲线时，应该制备至少三个浓度的氟离子标准溶液，以便用于绘制校准曲线。（　　）

7. 请判断：在进行自来水中氟离子含量的测定时，应该取多个样品进行测定，以便得到更加准确的测定结果。（　　）

8. 请列出测定自来水中氟离子含量的步骤。

9. 在进行未知水样中氟离子含量测定时，校准曲线定量的依据是什么?

10. 影响氟离子选择性电极测定溶液离子浓度准确度的因素有哪些？

任务实施

1. 填写下表完成试剂准备。

试剂				
编号	名称	级别	数量	配制方法
备注				

2. 进行未知水样中氟离子含量的检测，填写下表。

记录编号									
样品名称						样品编号			
检测项目						检测日期			
检测依据						判定依据			
温度						相对湿度			
检验设备（标准物质）及编号									
工作曲线	顺序号	1	2	3	4	5	6	7	8
	浓度								
	电位值								
	回归方程								
	相关系数								
计算公式									
实验步骤									
检验人						复核人			

3. 请在下方空白处进行标准曲线及样品作图。

4. 由标准曲线及样品作图，填写下表。

<table>
<tr><td rowspan="13">检测结果</td><td>样品名称及编号</td><td>取样量</td><td>体积</td><td>电位值</td><td>测定值</td><td>平均值</td></tr>
<tr><td rowspan="2"></td><td></td><td></td><td></td><td></td><td rowspan="2"></td></tr>
<tr><td></td><td></td><td></td><td></td></tr>
<tr><td rowspan="2"></td><td></td><td></td><td></td><td></td><td rowspan="2"></td></tr>
<tr><td></td><td></td><td></td><td></td></tr>
<tr><td rowspan="2"></td><td></td><td></td><td></td><td></td><td rowspan="2"></td></tr>
<tr><td></td><td></td><td></td><td></td></tr>
<tr><td rowspan="2"></td><td></td><td></td><td></td><td></td><td rowspan="2"></td></tr>
<tr><td></td><td></td><td></td><td></td></tr>
<tr><td rowspan="2"></td><td></td><td></td><td></td><td></td><td rowspan="2"></td></tr>
<tr><td></td><td></td><td></td><td></td></tr>
<tr><td rowspan="2">质控样</td><td></td><td></td><td></td><td></td><td rowspan="2"></td></tr>
<tr><td></td><td></td><td></td><td></td></tr>
<tr><td colspan="2">备注</td><td colspan="5"></td></tr>
</table>

评价反馈

1. 学习总结（收获、感受、注意事项）

2. 学习评价

<table>
<tr><td rowspan="2">评价指标</td><td rowspan="2">评价要点</td><td colspan="2">等级评定</td></tr>
<tr><td>自评</td><td>教师评价</td></tr>
<tr><td>依据标准配制相关溶液</td><td>规范配制总离子强度调节缓冲溶液
F^-标准系列溶液
规范处理样品</td><td></td><td></td></tr>
<tr><td>电位法测定未知水样电动势</td><td>会连接氟离子选择性电极和 pH 计
会使用氟离子选择性电极测定水样电动势
说出校准曲线定量依据
能说出影响氟离子选择电极测定溶液离子浓度准确度的因素</td><td></td><td></td></tr>
<tr><td>填写原始记录表</td><td>正确填写原始记录表</td><td></td><td></td></tr>
<tr><td>任务反思</td><td>未知水样测定过程中，出现哪些故障
能否对简单的故障进行判断
能否解决</td><td></td><td></td></tr>
<tr><td colspan="2">总成绩</td><td></td><td></td></tr>
</table>

能力拓展

工作曲线法测定牙膏中氟含量

氟是人体必需的微量元素，摄入适量的氟有利于牙齿的健康。但摄入过量则对人体有害，轻者造成斑釉齿，重者造成氟胃症。

测定溶液中的氟离子，一般由氟离子选择性电极作指示电极，饱和甘汞电极作参比电极。它们与待测液组成电池。可表示为：

（－）Hg，Hg_2Cl_2|KCl（饱和）‖ 待测溶液（c_x）|LaF_3 电极膜 |NaF（0.1 mol · L^{-1}），NaCl（0.1 mol · L^{-1}）|AgCl，Ag（+）

其电池电动势为 $E_{电池}=\phi_{F^-}-\phi_{SCE}$

而 $\phi_{F^-}=\phi_{AgCl/Ag}+K'-\dfrac{RT}{F}\lg\alpha_{F^-}$

$$E_{电池}=\phi_{AgCl/Ag}+K'-\frac{RT}{F}\lg\alpha_{F^-}-\varphi_{SCE}$$

令$K=\phi_{AgCl/Ag}+K'-\phi_{SCE}$可得

$$E_{电池}=K-\frac{RT}{F}\lg\alpha_{F^-}$$

在 25 ℃时，$E_{电池}$表示为 $E_{电池}=K'-0.059\,2\lg\alpha_{F^-}=K'+0.059\,2\,pF$

式中，K'为含有内外参比电极电位及不对称电位的常数。pF为 F^-浓度的负对数。

这样通过测定电位值，便可得到 pF 的对应值。测定操作可采用工作曲线法：配制一系列已知浓度的含 F^-标准溶液，加入总离子强度调节缓冲剂，得相应的 E 值，作 E-pF 工作曲线。未知样品测得 E 值后，在工作曲线上查出对应的 pF 值，即得分析结果。

LaF_3 单晶敏感膜电极，在 F^-浓度为 1~10^{-6} mol · L^{-1} 的范围内，氟电极电位与 pF 呈线性关系。

坚持一切从实际出发，理论联系实际，实事求是，在实践中检验真理和发展真理，提升在实践中认识世界和改造世界的能力；坚持解放思想、实事求是、与时俱进、求真务实，不断进行理论创新和实践创新。

项目四　气相色谱法测定工业乙酸乙酯的含量

任务一　气相色谱法测定工业乙酸乙酯的原理

任务描述

本任务旨在掌握色谱法的基本概念。通过学习色谱法的相关理论知识，为后期的学习奠定基础，同时提高学生发展分析和解决问题的能力，培养创新思维和团队合作精神。

学习目标

1. 知识目标

（1）了解色谱法的来源；

（2）了解色谱分析中的塔板理论和速率理论；

（3）熟悉色谱法的定性和定量法。

2. 能力目标

（1）熟悉校正因子的计算方法；

（2）掌握归一法、内标法的定量计算方法；

（3）掌握外标法，熟练绘制外标法工作曲线并进行定量计算。

3. 素养目标

（1）培养“执着专注、精益求精、一丝不苟、追求卓越”的新时代工人；

（2）培养“认真、务实、乐观、进取”的人生态度。

获取信息

工业乙酸乙酯的用途非常广泛，可以作为工业溶剂、粘合剂、香料原料、香料制造、有机合成、分离糖类的标准物质、生化研究，纺织工业的清洗剂和天然香料的萃取剂，也是制药工业和有机合成的重要原料、食用香料。

工业乙酸乙酯的生产途径有：①直接酯化法，此方法是国内工业生产乙酸乙酯的主要工艺路线，以乙酸和乙醇为原料，硫酸为催化剂直接酯化得到乙酸乙酯，再经脱水、分馏精制得成品；②乙醛缩合法，此方法以烷基铝为催化剂，将乙醛进行缩合反应生成乙酸乙酯，国外工业生产大多采用此工艺。除了以上方法外，还可以用乙烯和乙酸直接酯化生产乙酸乙酯，也可由乙酸、乙酐或乙烯酮与乙醇反应制得，在乙醇铝催化下，由两分子乙醛反应生成。此外，工业上由丁烷氧化制得乙酸时候也会有副产物乙酸乙酯。

任务解析

一、色谱法概述

色谱法是一种重要的分离分析方法，它是基于混合物不同组分在两相中具有不同的分配系数（或吸附系数、渗透性等）特性，当两相做相对运动时，不同组分在两相中进行多次反复分配实现分离后，通过检测器得以检测，从而进行定性、定量分析。因此色谱法的本质是待分离物质分子在固定相和流动相之间分配平衡的过程，不同的物质在两相之间的分配不同，这使其随流动相运动速度各不相同，随着流动相的运动，混合物中的不同组分在固定相上相互分离。

其中不动的一相称为固定相，而携带混合物流过此固定相的流体称为流动相。混合物由流动相携带经过固定相时，不同组分因其性质和结构上的差异，与固定相发生作用的大小、强弱有所差异。在同一推动力作用下，不同组分与固定相进行多次反复分配，使其在固定相中的滞留时间有所不同，从而按先后不同次序从固定相中流出。这种在两相间反复分配而使混合物中各组分分离的技术，称为色谱法（Chromatography），又称色层法、层析法。

二、色谱法的基本理论

色谱分析的关键是样品中各组分的分离。欲使两组分分离，色谱峰之间须有足够的距离，色谱峰须很窄。前者是由各组分在两相之间的分配系数所决定的，即与色谱过程的热力学因素有关，峰的宽度则由色谱柱的柱效决定，即与色谱动力学过程有关。通过学习有关术语和基本理论，有助于正确选择色谱条件，达到组分完全分离的目的。

试样中各组分经色谱柱分离，先后流出色谱柱，由检测器得到的信号大小随时间变化形成的色谱流出曲线如图 4-1 所示。色谱峰一般是一条高斯分布曲线。基本参数主要有基线、峰高和峰面积、色谱峰的区域宽度、保留值、分配系数、分离度等。

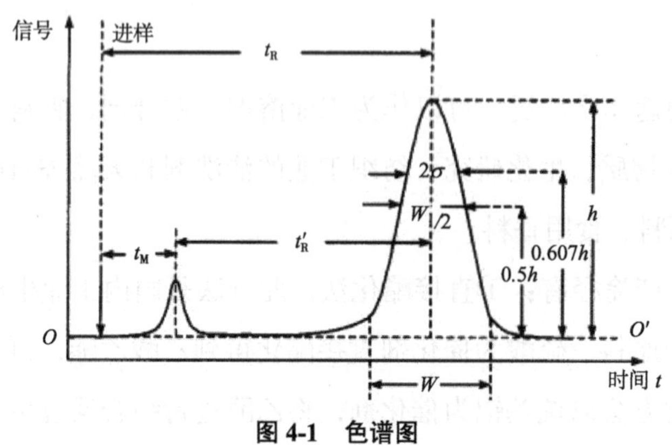

图 4-1 色谱图

三、色谱分析法的基本原理

色谱分析的基本理论有两个：一是以热力学平衡为基础的塔板理论；另一个是以动力学为基础的速率理论。两个理论相辅相成，较为全面地解释色谱分析中的不同组分的分离问题。

（一）塔板理论

塔板模型将一根色谱柱视为一个精馏塔，即色谱柱是由一系列连续的、相同的水平塔板组成。每一块塔板的高度用 H 表示，称为塔板高度，简称板高。塔板理论假设：在每一块塔板上，溶质在两相间很快达到分配平衡，然后随着流动相按一个一个塔板的方式向前转移。对一根长为 L 的色谱柱，理论塔板数 n 应为$n=\frac{L}{H}$。

（二）速率理论

针对塔板理论忽视了组分分子在两项中的扩散和传质的动力学过程问题，1956 年荷兰学者范第姆特提出了速率理论，该理论吸收塔板理论中板高的概念，充分考虑组分在两项间的扩散和传质过程，对气相和液相色谱都较为适用。范第姆特的数学简化式为

$$H=A+\frac{B}{u}+Cu$$

式中，A 为涡流扩散项；B/u 为分子扩散项；Cu 为传质阻力项。

四、定性和定量分析

色谱法可以有效分离复杂混合物，同时还能够对分离后的物质进行定性和定量分析。

（一）定性分析

在相同色谱条件下，通过比对色谱图上未知物色谱峰的和已知物质色谱峰的保留时间，可以确定未知物是何种物质，但是不同物质在同一色谱条件下，可能具有相似或是相同的保留值，可以通过色谱和质谱联用解决定性中保留值不唯一的情况。

（二）定量分析

在一定的色谱条件下，组分 i 的质量（m_i）或其在流动相中的浓度，与检测器响应信号（峰面积 A_i 或峰高 h_i）呈正比。

$$m_i=f_i^A A_i$$
$$m_i=f_i^h A_i$$

以上公式是色谱法进行定量分析的依据，其中f_i^A和f_i^h分别为峰面积和峰高的校正因子。

1. 响应信号的测量

响应信号强，峰面积也越大。峰面积的大小不易受到操作条件如柱温、流动相的流速、进样速度等的影响，更适用于定量分析的重要参数。现代色谱仪通过工作站自动积分。如果没有

积分装置，可用手工测量，再用有关公式计算峰面积，近似的计算公式为

$$A_i = 1.065 h_i W_{0.5}\text{（对称的峰）}$$

$$A_i = \frac{1}{2} h_i (W_{0.15} + W_{0.85})\text{（不对称峰）}$$

式中，$W_{0.15}$和$W_{0.85}$分别是峰高 0.15 和 0.85 处的缝宽值。

2. 定量校正因子

定量校正因子测量往往比较困难，使用受到限制，一般常用相对校正因子f_i，其计算公式如下：

$$f_i = \frac{f_i'}{f_s'} = \frac{A_s m_i}{A_i m_s}$$

f_i'为组分 i 的相对校正因子，f_s'为基准组分 s 的绝对校正因子。相对校正因子只与检测器类型有关，而与色谱操作条件、柱温、载气流速和固定液的性质无关。

3. 定量分析方法

色谱法一般采用外标法、内标法和归一化法进行定量分析。

（1）外标法

外标法是所有定量分析中最为通用的一种方法，也称标准曲线法。测定方法为：把待测组分的纯物质配成不同浓度的标准系列，在一定操作条件下分别向色谱柱中注入相同体积的标准样品，测得各峰的峰面积或峰高，绘制 A–c 或 h–c 的标准曲线。在完全相同的条件下注入相同体积的待测样品，根据所得的峰面积或峰高从曲线上查得含量。

在已知组分标准曲线呈线性的情况下，可不必绘制标准曲线，而用单点校正法测定。即配制一个与被测组分含量相近的标准物，在同一条件下先后对被测组分和标准物进行测定，被测组分的质量分数为

$$W_i = \frac{A_i}{A_s} W_s$$

A_i和A_s分别为被测组分和标准物的峰面积，W_s为标准物质的质量分数。

外标法的优点是操作简便，但进样量和操作条件要求严格，适用于日常控制分析和大量同类样品分析。其结果的准确度取决于进样量的重现性和操作条件的稳定性。

（2）内标法

当只需测定样品中某几个组分，或样品中所有组分不可能全部出峰时，可采用内标法。具体做法是：准确称取样品，加入一定量某种纯物质作为内标物，进行色谱分析，再根据被测物

和内标物在色谱图上相应的峰面积和相对校正因子，求出某组分的含量。公式如下：

$$W_i = \frac{m_i}{m} \times 100\% = \frac{A_i f_i}{A_s f_s} \cdot \frac{m_s}{m} \times 100\%$$

m_s 和 m 分别为内标物质量和样品质量，A_i 和 A_s 分别为被测组分和内标物的峰面积，f_i 和 f_s 分别为被测物质和内标物的相对质量校正因子。以内标物作为基准物质，即 f_s=1，此时含量计算式可简化为

$$W_i = \frac{A_i}{A_s} \cdot \frac{m_s}{m} \cdot f_i \times 100\%$$

（3）归一化法

归一化法是将样品中所有组分含量之和按 100% 计算，以它们响应的色谱峰面积或峰高为定量参数，当各组分的 f_i 相同时，计算公式如下：

$$W_i = \frac{A_i}{\sum_{i=1}^{n} A_i} \times 100\%$$

归一化法简单准确，不必称量和准确进样，操作条件对结果影响较小，但是不适用于衡量分析。

进行决策

引导问题 1. 色谱法分离物质的原理是什么？

引导问题 2. 色谱法分为哪几类？分类依据是什么？

引导问题 3. 色谱法应用在哪些领域，测定的对象是哪些？

引导问题 4. 色谱流出曲线为什么会出峰？出峰的原理是什么？

引导问题 5. 色谱峰流出曲线的术语有哪些？基本计算公式是什么？

引导问题 6. 色谱峰中区域宽度测定的意义是什么？

引导问题 7. 色谱法定性分析的依据是什么？

引导问题 8. 色谱法亦称为色层法或层析法，是一种（　　）。

A. 分离技术　　B. 富集技术　　C. 进样技术　　D. 萃取技术

任务实施

1. 查阅相关资料，将问题 2 和 3 的思维导图罗列出来。

2. 查阅相关资料，厘清表中所列内容及其公式。

术语	概念	公式
基线		
峰高		
峰面积		
色谱峰的区域宽度		
保留值		
分配系数		
分离度		

3. 结合微课视频，默写出塔板理论和速率理论的概念和公式；能够用自己的语言描述出速率理论中的涡流扩散项、分子扩散项和传质阻力项是什么。

4. 请利用定量分析中的校正因子和峰面积的概念完成以下习题：用气相色谱法测定样品中一氯甲烷、二氯甲烷和三氯甲烷的含量。采用甲苯作为内标物，称取 2.880 g 样品，加入 0.240 0 g 甲苯，混合均匀后进样，测得其校正因子和峰面积如下表所示，试计算各组分含量。

组分	甲苯	一氯甲烷	二氯甲烷	三氯甲烷
f_{is}	1.00	1.15	1.47	1.65
A/cm^2	2.16	1.48	2.34	2.64

评价反馈

1. 学习总结（收获、感受、注意事项）

2. 任务自评

序号	评价方式	赋分权重	得分小计
1	学生自评	20%	
2	学生互评	20%	
3	教师评价	60%	
得分合计			

3. 学生自评

班级		组名		日期	年　月　日
评价指标	评价内容			分数	分数评定
信息检索	能有效利用网络、图书资源、工作手册查找有用的相关信息等；能用自己的语言有条理地去解释、表述所学知识；能将查到的信息有效地传递到工作任务中			10 分	
感知任务	熟悉任务，在学习中能获得满足感			10 分	
参与态度	积极主动参与任务，能吃苦耐劳，崇尚劳动光荣，技能宝贵；与教师、同学之间相互尊重、理解；与教师、同学之间能够保持多向、丰富、适宜的信息交流			10 分	
	探究式学习、自主学习不流于形式，处理好合作学习和独立思考的关系，做到有效学习；能提出有意义的问题或能发表个人见解；能按要求正确操作；能够倾听别人意见、协作共享			10 分	
学习方法	学习方法得体，能按要求完成任务；获得进一步学习的能力			10 分	
工作过程	善于多角度分析问题			15 分	
思维态度	能发现问题、提出问题、分析问题、解决问题、创新问题			10 分	
自评反馈	按时按质完成工作任务；较好地掌握了专业知识点；具有较强的信息分析能力和理解能力；具有较为全面严谨的思维能力并能条理清楚、明晰地表达成文			25 分	
自评分数					
有益的经验和做法					
总结反馈建议					

4. 学生互评

班级		被评组名		日期	年 月 日
评价指标	评价内容			分数	分数评定
信息检索	该组能有效利用网络、图书资源、工作手册查找有用的相关信息等			5分	
	该组能用自己的语言有条理地去解释、表述所学知识			5分	
	该组能将查到的信息有效地应用到工作中			5分	
感知任务	该组熟悉工作任务，认同工作价值			5分	
	该组成员在合作中能获得满足感			5分	
参与态度	该组与教师、同学之间相互尊重、理解			5分	
	该组与教师、同学之间能够保持多向、丰富、适宜的信息交流			5分	
	该组能处理好合作学习和独立思考的关系，做到有效学习			5分	
	该组能提出有意义的问题或能发表个人见解；能按要求正确操作；能够倾听别人意见、协作共享			5分	
	该组能积极参与，在任务完成过程中不断学习，综合运用信息技术的能力得到提高			5分	
学习方法	该组能按要求完成预期任务			5分	
	该组获得了进一步发展的能力			5分	
	该组成员善于多角度分析问题，能主动发现、提出有价值的问题			25分	
思维态度	该组能发现问题、提出问题、分析问题、解决问题、创新问题			5分	
自评反馈	该组能严肃认真地对待自评，并能独立完成自测试题			10分	
互评分数					
简要评述					

5. 教师评价

班级		组名		姓名	
出勤情况					
评价内容	评价要点	考察要点		分数	分数评定
任务描述、接受任务	任务表述	任务资料完成情况		2分	
		表达思路清晰、层次分明、准确			

续表

任务分析、分组情况	分析任务分组分工	分析任务关键点准确	3分	
		涉及理论知识回顾完整，分组分工明确		
计划	理解能斯特方程	概念辨析清楚，关系层次分析到位	5分	
决策	思维导图	引导问题	3分	
		思维导图		
实施	任务单	任务单内容清晰准确	5分	
总结	任务总结	依据自评分数	2分	
		依据互评分数	3分	
		依据任务完成情况	10	
合　计			100分	

能力拓展

色谱法的发展

色谱法问世快一个世纪了，但是最近20年是发展最快的时期，特别是20世纪80年代到20世纪末，有许多崭新的色谱法相继出现，如毛细管超临界流体色谱、超临界流体萃取、毛细管电泳、电色谱等。21世纪将是生命科学、材料科学、信息科学和环境科学的时代，而环境科学又是人们面临的重大课题，色谱新方法的出现和发展正是服务于这些重要领域的新技术。毛细管电泳和全新的高效液相色谱的发展，可以实现生物大分子的分离和纯化；各种各样的手性分离介质的应用，可解决药物对映异构体的拆分的问题；高灵敏检测器的开发，可实现极数微量环境污染物的检测。

另一方面，为了弥补色谱法定性功能较差的弱点，大力发展了色谱和其他仪器的联用技术，特别是液相色谱和毛细管电泳与电喷雾质谱的联用技术近年已趋于成熟，它将对生物大分子的分离和鉴定发挥极大的作用，因此色谱仪和其他各种仪器的联合使用将成为分析化学的重要领域。

培养职业素养和做人做事的品质，包含职业道德、职业技能、职业行为、职业作风、职业意识以及敬业爱岗、团结协作、一丝不苟、吃苦耐劳、安全意识等，增强课程育人的针对性和实效性，提升职业发展能力。

任务二　气相色谱法测定工业乙酸乙酯的仪器组成和结构认知

任务描述

依据 GB/T 3728—2007《工业用乙酸乙酯》，测定工业用乙酸乙酯主要用到的仪器是气相色谱仪。本任务旨在让学生了解并掌握气相色谱仪检测流程、构造、固定相和定性定量分析方法。

学习目标

1. 知识目标

（1）熟悉气相色谱仪的检测流程；

（2）掌握气相色谱仪的结构；

（3）气相色谱仪的固定相。

2. 能力目标

（1）掌握气相色谱仪中色谱柱的安装；

（2）会对气相色谱仪进行使用前的检漏。

3. 素养目标

（1）养成科学严谨，一丝不苟的工作态度；

（2）培养规范意识、法治意识、纪律意识、责任意识、服务意识。

获取信息

气相色谱分析技术是一种多组分混合物的分离、分析的技术。它主要利用样品中各组分的沸点、极性及吸附系数在色谱柱中的差异，使各组分在色谱柱中得到分离，并对分离的各组分进行定性、定量分析。

气相色谱仪以气体作为流动相（载气），当样品被送入进样器并汽化后由载气携带进入填充柱或毛细管柱，由于样品中各组分的沸点、极性及吸附系数的差异，使各组分在柱中得到分离，然后由接在柱后的检测器根据组分的物理化学特性，将各组分按顺序检测出来，最后通过网络送至色谱工作站，由色谱工作站将各组分的气相色谱图记录并进行分析从而得到各组分的分析报告。其工作原理简图如图 4–2 所示。

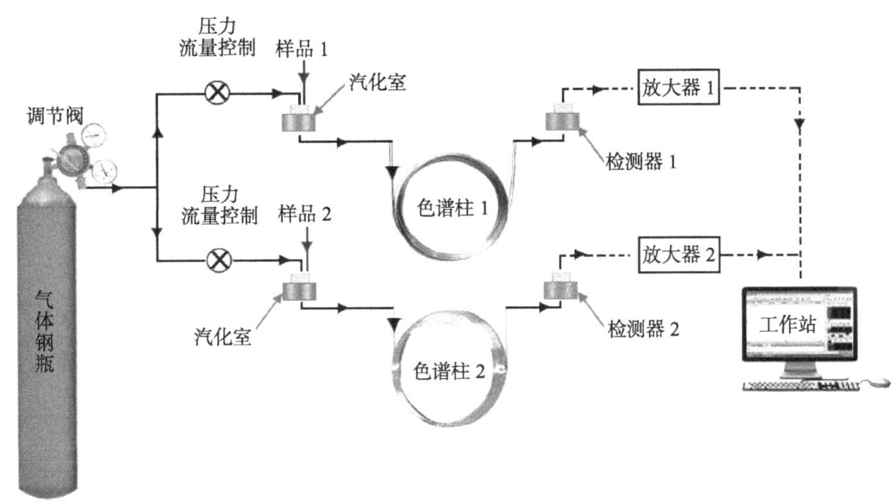

图 4-2　气相色谱仪工作原理简图

任务解析

本书中涉及的气相色谱仪器是山东惠分仪器有限公司生产的 HN-200DS 型气相色谱仪，如图 4-3。

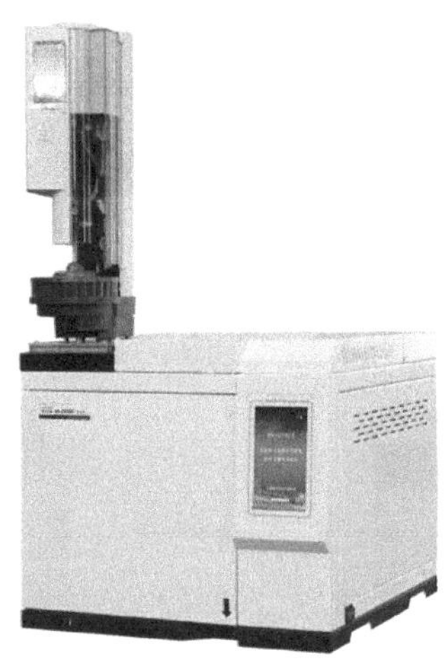

图 4-3　HN-200DS 型气相色谱仪外观图

一、气相色谱仪结构

虽然目前国内外气相色谱仪型号和种类繁多，但它们均由以下五大系统组成：气路系统、进样系统、分离系统、控制温度系统以及检测和记录系统。

（一）气路系统

包括气源、净化器、气体流量控制仪和测量仪等。载气通常为氮气、氦气和氢气，由高压气瓶供给。由高压气瓶出来的载气需经过装有活性炭或分子筛的净化器，以除去载气中的水、氧等有害杂质。由于载气流速的变化会引起保留值和检测灵敏度的变化，因此，一般采用稳压阀、稳流阀或自动流量控制装置，以确保流量恒定。载气气路有单柱单气路和双柱双气路两种。前者比较简单，后者可以补偿因固定液流失、温度波动所造成的影响，因而基线比较稳定。

（二）进样系统

进样系统包括进样器和汽化室两部分。

1. 进样器

常用的进样器有注射器和六通阀。注射器一般用于液体样品，根据进样量不同，选用不同规格的微量注射器。六通阀分为推拉式和旋转式二种，常用的旋转式六通阀进样器原理示意图如图 4–4 所示。HN–200DS 型气相色谱仪进样器和隔膜清扫分流进样器实物图如图 4–5、图 4–6 所示。

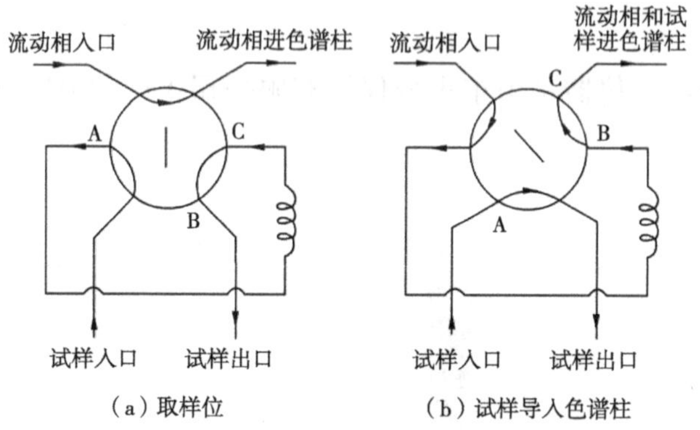

图 4-4　旋转式六通阀进样器原理示意图

图 4-5　HN-200DS 型气相色谱仪进样器实物图

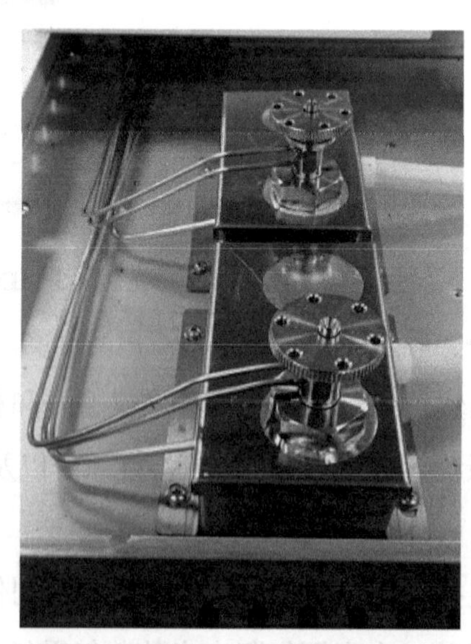

图 4-6　隔膜清扫分流进样器实物图

2. 汽化室

汽化室是将液体样品瞬间汽化为蒸气的装置，它由一块金属块制成。要求汽化室热容量要大，温度要足够高，而且无催化效应，才能保证样品瞬间汽化，且不分解，并迅速进入柱头使谱带扩散尽量减少。

三、分离系统

分离系统由色谱柱组成，它是色谱仪的核心部件，其作用是分离样品。色谱柱主要有两类：填充柱和毛细管柱。

1. 填充柱

填充柱由不锈钢或玻璃材料制成，内装固定相，一般内径为 2~4 mm，长 1~3 m。填充柱的形状有 U 形和螺旋形两种。图 4–7 为填充柱两端留空管部分示意图。

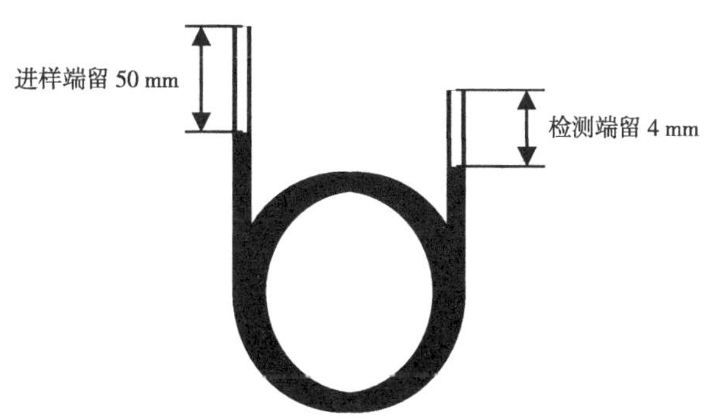

图 4-7　填充柱两端留空管部分示意图

2. 毛细管柱

毛细管柱又叫空心柱，分为涂壁、多孔层和涂载体空心柱。涂壁空心柱是将固定液均匀地涂在内径 0.1~0.5 mm 的毛细管内壁而成，毛细管材料可以是不锈钢、玻璃或石英。毛细管色谱柱渗透性好，传质阻力小，而柱子可以做到长几十米。与填充柱相比，其分离效率高（理论塔板数可达 106）、分析速度块、样品用量小，但柱容量低、要求检测器的灵敏度高，并且制备较难。图 4–8 为弹性石英毛细管柱预留长度示意图，图 4–9 为柱温箱填充柱示意图。

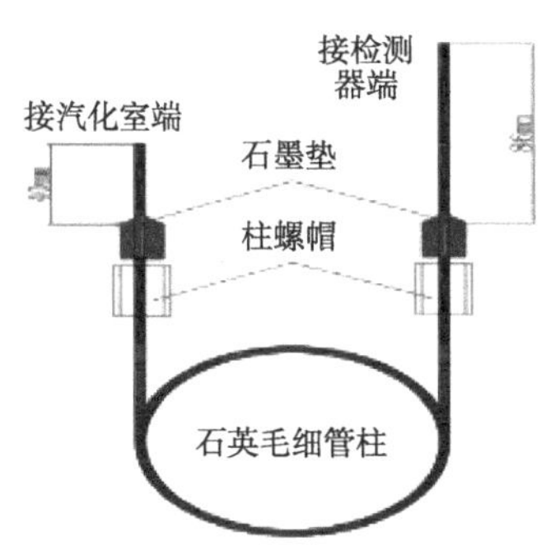

图 4-8　弹性石英毛细管柱预留长度示意图

图 4-9　柱温箱填充柱示意图

四、控制温度系统

在气相色谱测定中，温度是重要的指标，它直接影响色谱柱的选择分离、检测器的灵敏度和稳定性。控制温度主要指对色谱柱炉、汽化室、检测器三处的温度控制。色谱柱的温度控制方式有恒温和程序升温两种。对于沸点范围很宽的混合物，往往采用程序升温法进行分析。程序升温指在一个分析周期内柱温随时间由低温向高温做线性或非线性变化，以达到用最短时间获得最佳分离的目的。

五、检测和记录系统

这个系统是指样品经色谱柱分离后，各成分按保留时间不同，顺序地随载气进入检测器，检测器把进入的组分按时间及其浓度或质量的变化，转化成易于测量的电信号，经过必要的放大传递给记录仪，最后记录得到该混合样品的色谱流出曲线。

进行决策

引导问题 1. 气相色谱法测定工业乙酸乙酯会用到哪些仪器和装置？

引导问题 2. 气相色谱仪由哪几个部分组成？

引导问题 3. 气相色谱仪使用前如何进行检漏？

引导问题 4. 检索信息，在下表中填写市面上经常使用的气相色谱仪的生产厂家、型号、性能与主要技术指标。

生产厂家	仪器型号	性能与主要技术指标

引导问题 5. 气相色谱仪中的核心部件是什么？

引导问题 6. 气相色谱仪的气路系统功能是什么？气路系统中常用的载气是什么？

引导问题 7. 气相色谱仪的气路系统的载气流速的大小和稳定性对色谱峰有很大影响，一般流速是（　　）。

A. 2~8 mL/min　　B. 3~8 mL/min　　C. 3~10 mL/min　　D. 4~7.5 mL/min

引导问题 8. 请判断：气相色谱仪中的进样系统的作用是把待测样品（气体或液体）快速而定量地加到色谱柱中进行色谱分离。（　　）

引导问题 9. 在气相色谱仪中，进样系统进样量的（　　）、进样时间（　　）和样品的（　　）都会影响色谱分离效率和分析结果的准确性和重现性。

任务实施

1. 请按照示意图对毛细管进行切割整理：

熔融硅毛细管柱很规整，不需要加以整理。但柱端应新切、无毛口、边缘齐整，除掉来自柱、固定相、密封垫圈的微粒物质很重要。为此，柱端要新切，按照图 4-10、图 4-11、图 4-12 的切割工具和切割示意图，用适宜的专用切割工具，在欲切断的部位划痕，然后进行切割。通常先装上柱螺母和垫圈以后再进行切割。

注意：戴上防护眼镜以防在处理切割玻璃或熔融硅毛细管柱时产生的飞扬的颗粒物质对眼睛的可能伤害。处理毛细管柱时也应小心防止皮肤被扎伤。由于柱子具有相当的刚性，因此在处理毛细管柱时，事先注意这些十分重要。

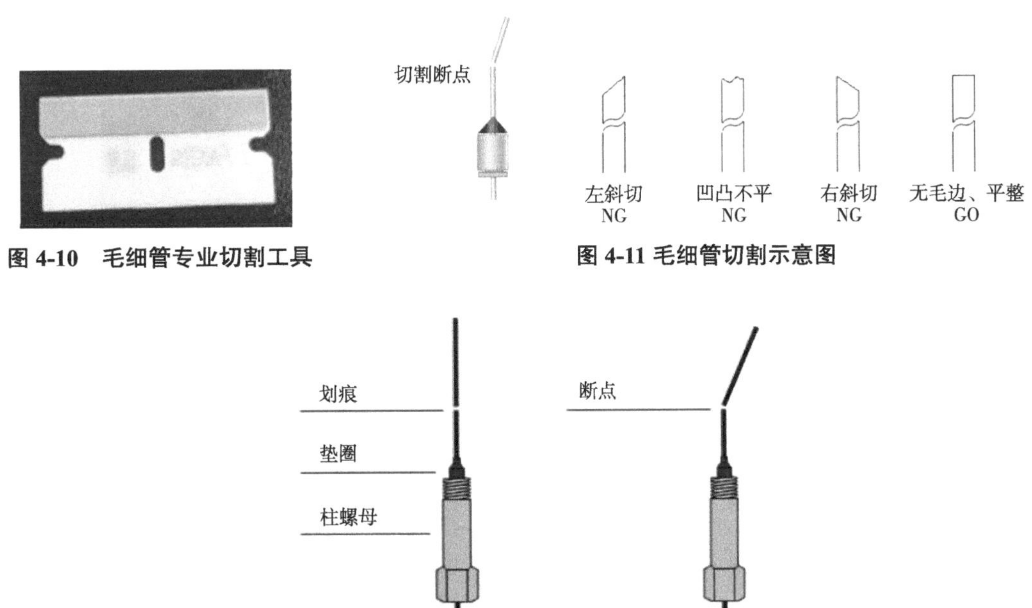

图 4-10　毛细管专业切割工具

图 4-11 毛细管切割示意图

图 4-12　熔融石英毛细管柱

毛细管柱绕在金属框上，此框悬挂在柱箱内的毛细管柱支架上。柱两端由框底部伸出，平顺弯曲朝向进样器接口和检测器接口，不要让柱子的任何部位碰到柱箱内壁。石墨垫圈穿过柱时可能会污染柱，可按“准备熔融石英毛细管柱”中的说明切割柱端。

2. 请按照以下操作步骤完成色谱柱的安装：

表 4-5　色谱柱安装流程示意图

序号	步骤说明	示意图
1	将需要安装的色谱柱挂与柱箱内壁	
2	顺时针方向接进样口	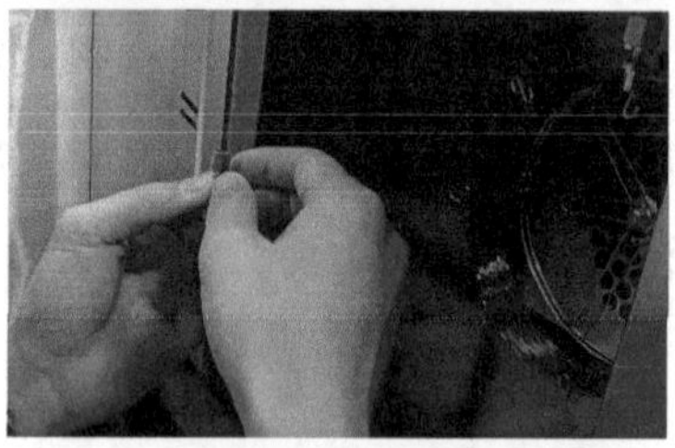
3	进样口介入的长度在 4~6 mm 之间	
4	轻轻插入进样口，用手拧紧	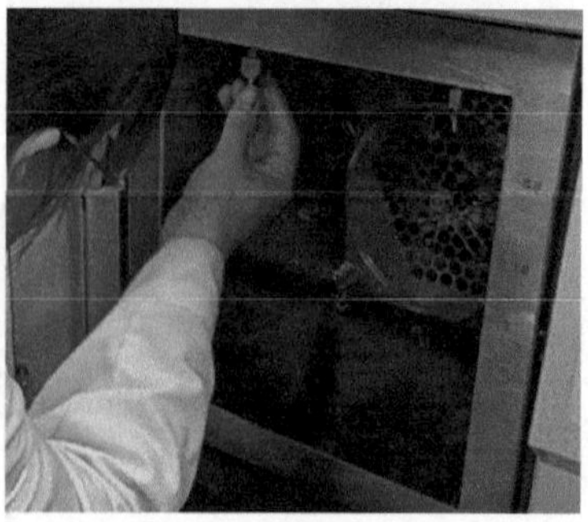

续表

序号	步骤说明	示意图
5	用扳手上紧	
6	检查检测器长度是 1 mm	
7	逆时针方向接检测器	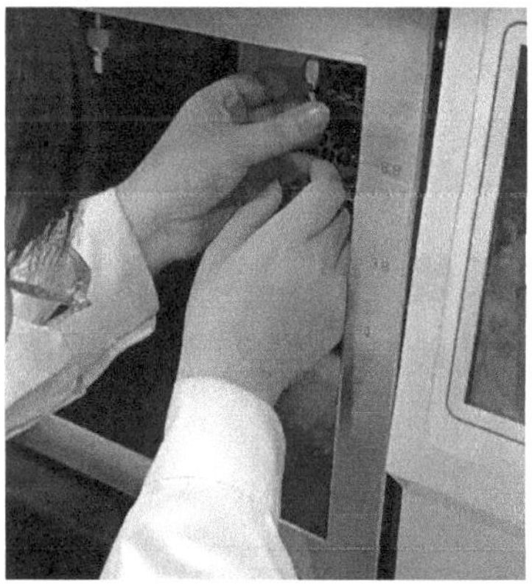
8	检查一下色谱柱顺时针和逆时针方向是否有折痕、弯曲现象	

3. 请标注出图 4–13 中序号 1~13 的名称。

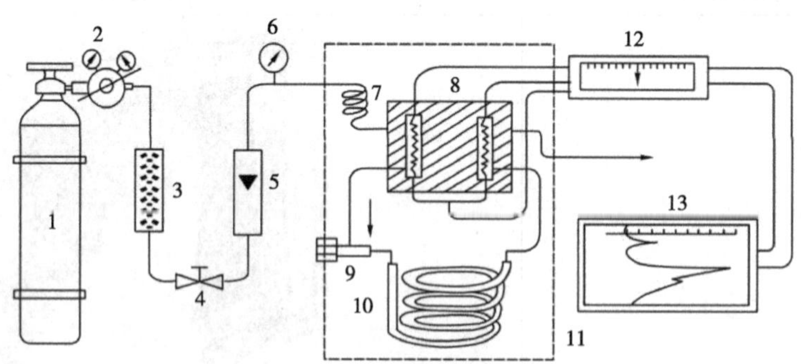

图 4-13　气相色谱仪结构示意图

4. 请在下表中对气相色谱仪的操作步骤进行说明。

序号	步骤	操作说明
1	开机前的准备	
2	仪器开机预热	
3	工作站的打开	

5. 色谱柱如何老化，老化的作用是什么？

评价反馈

1. 学习总结（收获、感受、注意事项）

2. 学习评价

评价指标	评价要素	等级评定	
		自评	教师评
安装结果	是否正确		
检漏结果	是否有漏气现象		
开机、关机	参数设置、操数顺序		
测试	1. 仪器正常工作 2. 老化结果 3. 基线平直		
结束工作	1. 电源关闭 2. 工作台整洁 3. 填写仪器使用记录卡		

评价指标	评价要素	等级评定	
		自评	教师评
学习方法	预习报告书写规范		
工作过程	1. 遵守管理规程 2. 操作过程符合现场管理要求 3. 出勤情况		
思维状态	1. 发现问题 2. 提出问题 3. 分析问题 4. 解决问题		
自评反馈			
经验和建议			
总成绩			

课后拓展

固定相的类型

气相色谱分析中，混合组分分离得好坏，在很大程度上取决于固定相的选择是否合适。毛细管色谱柱最常用的是聚硅氧烷和聚乙二醇，另外还有一类是小的多孔粒子组成的聚合物或沸石（例如氧化铝、分子筛等）。

1. 聚硅氧烷固定相

聚硅氧烷由于其用途广泛、性能稳定，是最常用的固定相。标准的聚硅氧烷由许多单个的聚硅氧烷连接而成，每个硅原子与两个功能基团相连，最常见的官能团为甲基和苯基，此外还有氰丙基和三氟丙基。这些官能团的类型和数量决定了色谱柱固定相的性质。最基本的聚硅氧烷是由 100% 甲基取代的。

2. 聚乙二醇固定相

聚乙二醇是另外一类广泛应用的固定相。有些被称之为“WAX”或“FFAP”。聚乙二醇的稳定性、使用温度范围都比聚硅氧烷要差一些。聚乙二醇固定相色谱柱的寿命短，而且容易受温度和环境（有氧环境）的影响。但由于它的极性较强，对极性物质有特殊的分离效能，所以仍是常用的固定相之一。

3. 气-固固定相

另外一类由小的多孔粒子组成的聚合物或沸石的固定相称为气-固固定相。气-固固定相就是在管壁表面黏合很薄一层的小颗粒物质，通常叫作多孔层开口管（PLOT）柱。试样是通过在气-固固定相上产生吸附-脱附作用来分离的，它们常用来分离各种气体及低沸点溶剂。最常用的PLOT 柱固定相有苯乙烯衍生物、氧化铝和分子筛等。由于固体吸附剂种类不多，所以气-固色谱法的应用受到限制。

4. 键合和交联固定相

为了改善柱子的性能，常采用键合和交联的方式。交联是将多个聚合物链单体通过共价键进行连接，键合是将其再通过共价键与载体表面或毛细管管壁表面相连。这样处理的结果使得固定相的热稳定性和溶剂稳定性都有较大的提高。所以，键合交联固定相色谱柱可以通过溶剂的浸洗，从而除去柱内的污染物。

改革创新是一种突破常规、大胆探索、勇于创新的思想观念，也是一种不甘落后、奋勇争先、追求进步的责任感、使命感，更是一种坚韧不拔、自强不息、锐意进取的精神状态。它继承了中华民族革故鼎新的传统，体现了当代中国发展进步的要求，体现在时代精神的各个方面，代表着时代的最强音和社会发展的潮流。

任务三　气相色谱法测定工业乙酸乙酯的检测器和柱效能

任务描述

检测器作为气相色谱仪重要的部件之一，种类多达数十种。学习和掌握如何正确选择气相色谱仪的检测器，是学生正确使用气相色谱仪检测乙酸乙酯的前提。本任务旨在帮助学生掌握检测器的分类和原理，提高气相色谱法测定工业乙酸乙酯的检测能力、操作规范和实验安全意识。

学习目标

1. 知识目标

（1）了解检测器的作用和分类；

（2）掌握氢火焰检测器的原理；

（3）了解各种检测器的性能指标。

2. 能力目标

（1）根据实际情况选择合适的检测器；

（2）会对柱效能进行测定。

3. 素养目标

（1）养成科学严谨，一丝不苟的工作态度；

（2）培养探究学习、主动思考和独立实验的能力。

获取信息

检测器是一种将被分离的组分的量转为易于测量的电信号的装置，是气相色谱仪中非常重要的部件之一，性能优良的检测器决定气相色谱仪的分离效率。目前检测器的种类多达数十种。根据检测原理的不同，可将检测器分为浓度型检测器和质量型检测器两类。

任务解析

浓度型检测器检测的是载气中某组分浓度瞬间变化，即检测器的响应值与组分的浓度成正比，如热导检测器和电子捕获检测器等；质量型检测器测量的是载气中某组分进入检测器的速度变化，即检测器的响应值与单位时间内进入检测器某组分的质量成正比，如氢火焰离子化检测器和火焰光度检测器。下面以热导检测器和氢火焰离子化检测器为例加以说明。

一、热导检测器

HN-200DS 型气相色谱仪可配备热导检测器。

热导检测器（thermal conductivity cell detector，TCD）是根据不同的物质具有不同的热导率这一原理制成的。由于它结构简单，性能稳定，通用性好，线性范围宽，价格便宜，是应用最广、最成熟的一种检测器。

它的结构及工作原理是在一个导热体中加工四个对称的腔室，每个腔室中各放一个热敏元件。其中，两个腔室是测量池，另外两个是参比室。测量池和参比池内的热敏元件组成了惠斯登电桥的四个臂。该电桥接入热导检测器信号处理板以控制电桥的工作及色谱数据的处理。在热导检测器内还装有电热元件和温度测量传感器，与温度控制系统相接以控制其加热温度。热导检测器工作原理及结构图如图 4-14，图 4-15 所示。

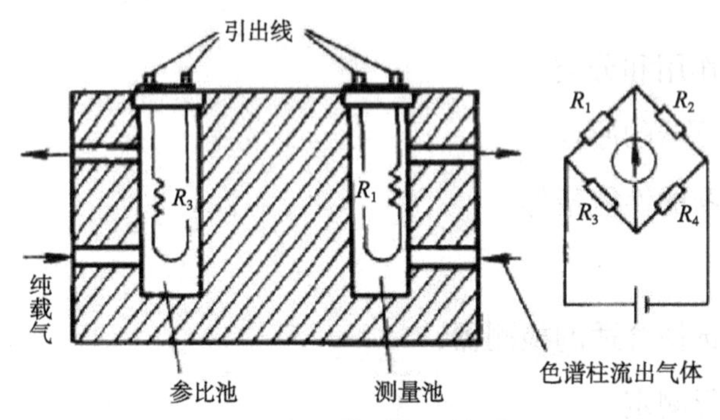

图 4-14　热导检测器工作原理图

TCD 参比池仅通过载气气流，从色谱柱流出的组分同载气一起进入测量池。当参比池和测量池只流过载气时，同一气体其导热系数相同，这时电桥平衡，色谱仪输出基线信号。当进样的时候，样品被分离后，由载气携带进入测量池，由于载气的导热系数和组分的导热系数不同，造成电桥平衡被破坏，色谱仪输出谱峰信号。

TCD 在使用过程中注意事项：

1. 必须遵守“先通气，后升温，再电流”的原则。亦当 TCD 未通载气时，千万不可设置桥路电流，否则会损坏钨丝！关机时，一定要先关桥流、再降温、待 TCD 温度降至 50 ℃后再关载气！

2. 请尽量不使用过高的电流。高电流的操作会加快钨丝的氧化，有损检测器的寿命。

注：为防止 TCD 的损坏，在本机的设计中采用桥流设定数值不被关机保存。即机器开机时 TCD 桥流设定数值自动为 0 mA。

警告：载气中含有氧气时，会使 TCD 钨丝的寿命缩短。载气一定要彻底除氧！

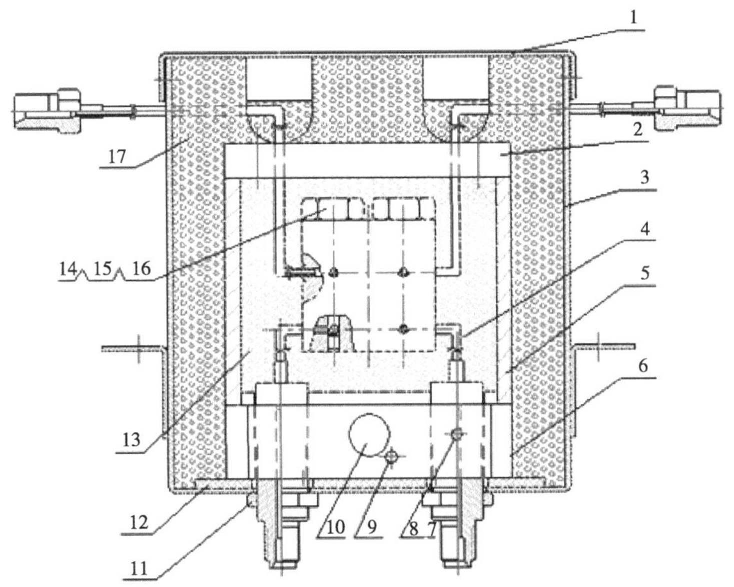

1. 外壳盖　2. 上盖　3. TCD 盒　4. TCD 检测器　5. 导热体　6. 底座　7. 螺钉　8. 压片　9. 铂电阻
10. 加热丝　11. 螺母　12. 石棉阻热垫　13. 空气浴室　14. 螺母　15. 垫圈　16. 钨丝　17. 保温棉

图 4-15　热导检测器结构示意图

二、氢火焰离子化检测器

氢火焰离子化检测器（flame ionization detector，FID）简称氢焰检测器。它以氢气和空气燃烧作为能源，利用含碳有机化合物在火焰中燃烧产生离子，在外加电场作用下，使离子形成离子流，根据离子流产生的电信号强度，检测被色谱柱分离出的组分。它的主要部件是一个用不锈钢制成的离子室，包括收集极、发射极（极化极）、气体入口和石英喷嘴，氢焰检测器结构图如图 4-16 所示，实物图如图 4-17 所示。

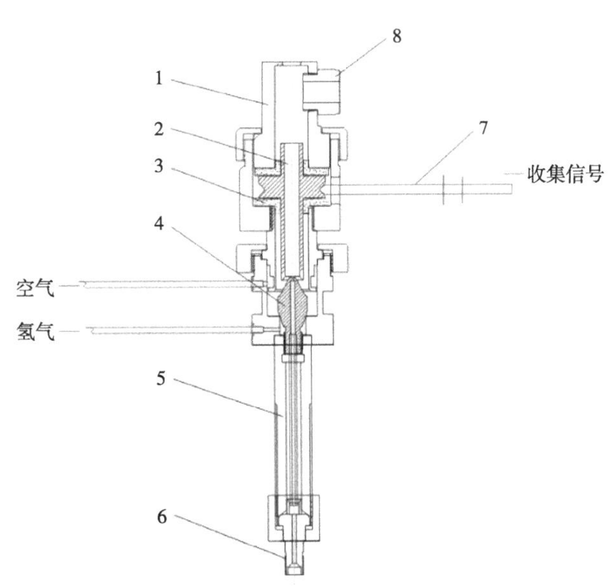

1. 防尘帽　2. 收集极　3. 收集极隔垫　4. 喷嘴　5. 汽化室　6. 毛细柱接头　7. 信号输出筒　8. 点火电极

图 4-16　氢焰检测器结构示意图

在离子室下部，被测组分被载气携带，从色谱柱流出，与氢气混合后通过喷嘴，再与空气混合后点火燃烧，形成氢火焰。燃烧所产生的高温（约 2 100 ℃）使被测有机化合物组分电离成正负离子。在火焰上方收集极（阳极）和发射极（阴极）所形成的静电场作用下，离子流定向运动形成电流，经放大、记录即得色谱峰。

图 4-17　氢焰检测器实物图

FID 对能在火焰中燃烧电离的有机化合物都有响应，可以直接进行定量分析，是目前应用最广泛的气相色谱检测器之一。FID 的主要缺点是不能检测永久性气体、水、CO、CO_2、氮氧化物、硫化氢等物质。在使用 FID 时，在点火前应将检测器温度升至 100 ℃以上，避免水蒸气在检测器冷凝，从而影响检测器的灵敏度。

进行决策

1. 什么是气相色谱仪的检测器？

2. 常用的检测器分为几类？

3. 热导检测器的特点是什么？

4. 电子捕获检测器的特点是（　　）。

A. 高选择性　　B. 高灵敏度　　C. 非破坏性　　D. 浓度型

5. 请判断：电子捕获器应用在食品、农副产品残留量大、大气及水质污染分析中。（　　）

6. 火焰光度检测器是对含有（　　）、（　　）的有机物具有高选择性和灵敏度的质量型检测器。

7. 火焰光度检测器的使用范围是什么？

8. 请完成以下表格：

序号	检测器类型	检测器原理	检测器适用范围	实例
1	热导检测器			
2	氢火焰离子化检测器			
3	电子捕获检测器			
4	火焰光度检测器			

任务实施

1. 要检测气体混合物使用的检测器是哪种？

2. 请判断：在使用TCD检测器时，应先通入载气，保证检测器部分没有空气后才能打开检测器的电流，否则，检测器中的钨丝很容易被烧毁。（　　）

3. GB/T 10345—2022中规定检测乙酸乙酯的检测器是什么，为什么要选择这种检测器？

4. 使用FID检测器的注意事项有哪些？

5.FID的缺点是什么？

能力拓展

气相分光光度计检测器的性能指标

一个优良的检测器要求灵敏度高、检出限低，死体积小，响应速度快，线性范围宽和稳定性高等特点，通用型检测器要求适用范围广，选择性检测器要求选择性好。

灵敏度（S）：当一定浓度或一定质量的样品进入检测器，产生一定响应信号（R），以进样量 Q 对应响应信号 R 作图，就可以得到一条直线，直线的斜率就是检测器的灵敏度，用 S 表示。因此，灵敏度就是响应信号对样品的变化率。

检出限：恰能产生和噪声相鉴别的信号时，在单位体积或时间需要进入检测器的物质质量。一般定为三倍于噪声所相当的物质的量称为检出限。

响应时间：进入检测器的某一组分的输出信号达到其真值的 63% 所需的时间，因此要求检测器的死体积要小，电路系统的滞后现象尽可能小，一般都小于 1 s。

乐于担当是指在面对困难、挑战和责任时，积极主动地承担起自己的责任，不退缩、不推诿。它是一种积极向上的心态，是一个人成长和发展的重要品质之一。

任务四　气相色谱法测定乙酸乙酯的条件选择

任务描述

工业乙酸乙酯是一种很重要的化工产品，是世界上使用最广泛的工业溶剂之一。预计到2025年，该产品的全球市场需求将达到500万吨。该产品多用于粘合剂、印刷油墨、除草剂和油漆的溶剂。本次任务要求学生会选择工业乙酸乙酯的测定条件，同时对测定条件进行优化，建立测定方法，最终达到测定工业乙酸乙酯含量的目的。通过此任务，旨在提高学生的实验操作技能和数据分析能力。

学习目标

1. 知识目标

（1）了解气相色谱法测定乙酸乙酯的条件；

（2）掌握每种条件的变换引起的检测结果的差异。

2. 能力目标

（1）根据检测对象不同选择合适的检测条件；

（2）能够进行色谱柱柱效能的测定和计算；

（3）可以对八个温度控制区域进行独立的控温设定和温度控制。

3. 素养目标

（1）养成科学严谨，一丝不苟的工作态度；

（2）培养规范意识、纪律意识、责任意识、团队协作意识和服务意识；

（3）培养诚实守信、严谨负责、精益求精的职业道德。

获取信息

在气相色谱分析中，除了要选择合适的固定相之外还要选择分离的最佳操作条件，以提高柱效能，增大分离度，满足分离的需要。

任务解析

根据基本色谱分离方程式及范氏理论，可指导选择色谱分离的操作条件。

一、柱长的选择

增加柱长可使理论塔板数增大，但同时使峰宽加大，分析时间延长，因此填充柱的柱长要选择适当，过长的柱子，总分离效能也不一定高，一般情况下，柱长选择以使组分能完全分离，分离度达到所期望的值为准，具体方法是选择一根极性适宜，任意长度的色谱柱，测定两组分的分离度，然后根据基本色谱分离方程式，确定柱长是否适宜。

二、载气及流速的选择

根据范德姆特（Van Deemter）方程式，用板高 H 对载气线速度 u 作图，如图 4–18。

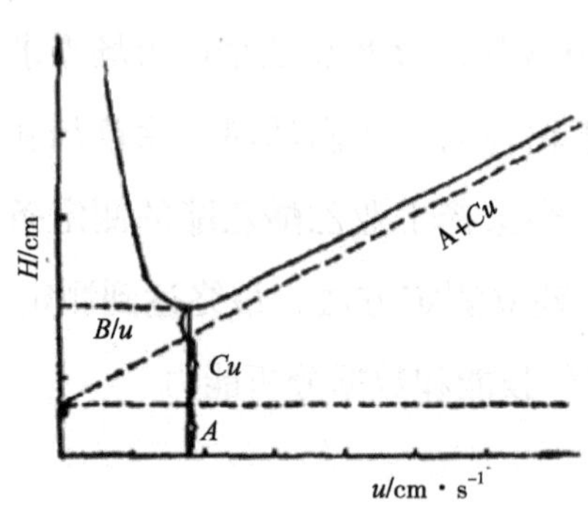

图 4-18 流速对柱效的影响

曲线的最低点，塔板高度 H 最小，柱效最高，其相应的流速是最佳流速 u_{opt}。u_{opt} 及 H_{min} 可由公式 $H=A+B/u+Cu$ 微分得到，即

$$\frac{\mathrm{d}H}{\mathrm{d}u} = -\frac{B}{u^2} + C = 0$$

$$u_{opt} = \sqrt{\frac{B}{C}}$$

$$H_{min} = A + 2\sqrt{BC}$$

从图 4–18 可知，当 u 较小时，分子扩散项 B/u 是影响板高的主要因素，此时，宜选择相对分子质量较大的载气（N_2，Ar），以使组分在载气中有较小的扩散系数，当 u 较大时，传质阻力项 Cu 起主导作用，宜选择相对分子质量小的载气（H_2，He），使组分有较大的扩散系数，减小传质阻力，提高柱效，当然，载气的选择还要考虑与检测器相适宜。

三、柱温的选择

柱温是一个重要的操作参数，直接影响分离效能和分离速度。提高柱温可使气相、液相传质速率加快，有利于降低塔板高度，改善柱效，但是增加柱温同时又加剧纵向扩散，从而导致柱效下降。

选择柱温的一般原则是：在使最难分离的组分在合适的分离前提下采用适当的柱温，但以保留时间适宜、峰形不拖尾为度。具体操作条件的选择应根据实际情况而定。另外，柱温的选择还应考虑固定液的使用温度，柱温不能高于固定液的最高使用温度，否则固定液挥发流失，对分离不利。

对于宽沸程的多组分混合物，可采用程序升温法，即在分析过程中按照一定速度提高柱温，在程序开始时，柱温较低，低沸点的组分得到分离，中等沸点的组分移动缓慢，高沸点的组分还停留在柱口附近；随着温度上升，组分由低沸点到高沸点依次分离出来。图 4–19 是正构烷烃恒温和程序升温色谱图比较。从图中不难看出，采用程序升温后不仅改善分离，而且可以缩短分析时间，得到的峰形也很理想。

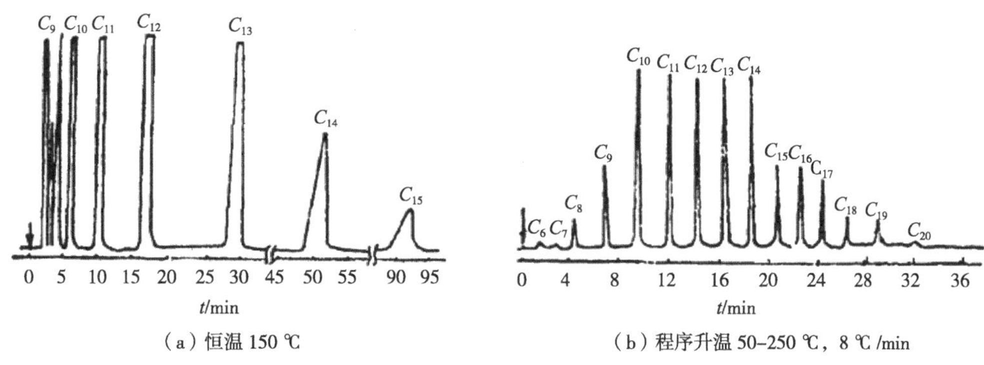

（a）恒温 150 ℃　　（b）程序升温 50–250 ℃，8 ℃ /min

图 4-19　正构烷烃恒温和程序升温色谱图比较

四、载体颗粒度

载体颗粒度即筛分范围的选择，载体颗粒度越小，填装越均匀，柱效也越高，但粒度也不能太小，否则，阻力和柱压也急剧增大，一般粒度直径为柱内径的 1/20~1/25 为宜，在高压液相色谱中，可采用极细粒度，直径在微米数量级。

五、进样量的选择

在实际分析中最大允许进样量应控制在使半峰宽基本不变，而峰高与进样量成线性关系，如果超过最大允许进样量，线性关系会遭到破坏。一般来说，色谱柱越粗、越长，固定液含量越高，容许进样量也越大。

进行决策

1. 气相色谱测定乙酸乙酯的条件有（　　）。（多选）

A. 汽化室的选择　　B. 载气和流速　　C. 柱温的选择　　D. 进样量

2. 查阅资料，请写出气相色谱测定乙酸乙酯的检测流程。

3. 实验条件如何进行初步设置?

4. 请按照色谱检测流程具体说出如何确定色谱分析条件。

记录编号			
样品名称		样品编号	
检测项目		检验日期	
检测依据		判定依据	
温度		相对湿度	
检验设备（标准物质）及编号			

仪器条件：
检测器：__________　　载气：______流速______mL/min
柱长：__________　　固定相：__________

一、标液的配置

溶液名称	浓度	配置方法

二、定性分析

标准物质名称	乙酸乙酯	乙酸正丙酯
保留值 t_R/min		
本峰宽		
试样各组分出峰顺序		

三、柱温的选择

柱温	保留值 t_R/min		分离度 R	
	乙酸乙酯	乙酸正丙酯	1	2
130 ℃				
140 ℃				
160 ℃				
180 ℃				

四、柱温的选择

载气流速 /（mL/min）	保留值 t_R/min		分离度 R	
	乙酸乙酯	乙酸正丙酯	1	2
100				
120				
130				
150				

最佳条件	

检验人		复核人	

任务实施

请按以下步骤完成色谱仪操作：

1. 显示屏的操作

（1）分析键为数据采集开始分析，如果设置了程序升温则启动程序升温。

（2）状态：已就绪 表示允许控温的各路控制单元的实测温度达到了设定值，其中柱炉温度为设定值 ±0.5 ℃，其他为设定温度 ±5 ℃，此时可以进样分析。

（3）在仪器打开电源后，点左下角控温键使仪器进入温度控制状态，如果是 EPC 电路，会自动打开气路控制。

2. 温度控制的查看与设定

打开仪器电源，在显示屏上点一下，进入仪器的主界面，按温度键使仪器进入温度显示状态，可以查看到各路温控运行状态。

3. 开启或关闭控温系统操作

（1）在仪器开机的状态下，按控温键使仪器进行加热，有 EPC，则 H2 显示流量。

（2）当柱箱温度达到设定的 ±0.5 ℃、其余使能为开的各路温度达到设定的 ±5 ℃时，显示状态：已就绪，待基线稳定后，可进样分析。

（3）在仪器温控的状态下，按停止键即关闭控温，此时会听到仪器内部有继电器释放的响声，后开门会自动打开进行降温。

4. 程序升温的查看与设定

（1）在仪器开机的状态下，按程序键使仪器进入程序温度显示状态。

（2）程序升温操作：在仪器开机的状态下，按控温键使仪器进入温度控制系统，当仪器显示状态：已就绪后再按分析键，将使仪器开始程序升温控制。

（3）停止升温操作：在仪器执行程序升温时，在温度控制系统下，按结束键将中断程序升温状态，仪器将返回恒温状态。

5. 检测器的查看

在仪器开机的状态下，按检测器键，以双 FID+TCD 为例，仪器进入检测器界面。如 FID Ⅰ：可以设置点火时长、点火阈值，对检测器进行点火操作，并可以查看相应检测器的信号值，如果有多个检测器，可以点 上一页 下一页 查找相应检测器进行设置。

6. 流量的查看

在仪器开机的状态下，按键使仪器进入流量界面。

在此界面可以查看相应进样器（INJ）、检测器（DET）的流量显示，亦可手动对流量进行设置：点击对应的窗口会弹出数字键盘，设置后按确定即可完成设置。

7. 事件的查看

在仪器开机的状态下，按。

8. 网络参数的查看与设定

在仪器开机的状态下，按键，仪器进入网络参数的显示状态。

9. 乙酸乙酯的检测条件

依据 GB/T 10345—2007《白酒分析方法》，乙酸乙酯的检测条件

毛细管柱

载气（高纯氮）：流速为 0.5 mL/min~1.0 mL/min，分流比：约 37 ∶ 1，尾吹约 20 mL/min ~30 mL/ min。

氢气：流速为 40 mL/ min

空气：流速为 400 mL/ min

检测器温度（T_D）：220 ℃

注样器温度（T_J）：220 ℃

柱温（T_c）：起始温度 60 ℃，恒温 3 min，以 3.5 ℃ /min 程序升温至 180 ℃，继续恒温 10 min。

评价反馈

1. 学习总结（收获、感受、注意事项）

2. 学习评价

评价指标	评价要素	等级评定	
		自评	教师评
标液配制	计算思路 计算结果		
样品称量	天平使用 称量范围		
开机、关机	检查漏气 气体压力设定正确		

续表

评价指标	评价要素	等级评定	
		自评	教师评
数据测量	定性正确 柱温选择合理 载气流速选择合理 调整分离度正确 测量顺序 说出色谱分析条件		
结束工作	关气顺序 电源关闭 填写仪器实验记录卡		
学习方法	预习报告书写规范		
工作过程	遵守管理规程 操作过程符合现场管理要求 出勤情况		
思维状态	发现问题 提出问题 分析问题 解决问题		
自评反馈	按时按质完成工作任务 掌握了专业知识点		
经验和建议			
总成绩			

能力拓展

请查阅资料，罗列出其他气相色谱法测定乙酸乙酯的条件参数。

1. 进样量的选择

在进行气相色谱分析时，进样量要适当。若进样量过大超过柱容量，将致使色谱峰峰形不对称程度增加，峰变宽，分离度变小，保留值发生变化。峰高和峰面积与进样量不成线性关系，无法定量。若进样量太小，又会因检测器灵敏度不够，不能准确检出。一般对于内径为 3~4 mm，固定液用量为 3%~15% 的色谱柱，检测器为 TCD 时，液体进样量为 0.1~10 μL；检测器为 FID 时，进样量一般不大于 1 μL。

2. 检测器的选择

一般以 FID 居多，对于 FID 不能检测的无机气体及水的分析常选择 TCD。

树立正确的人生观价值观和献身祖国建设事业发展的远大理想，激发家国情怀和使命担当，弘扬大国工匠精神，增进民族自豪感和认同感。

任务五　气相色谱法测定工业乙酸乙酯含量

任务描述

气相色谱法测定工业乙酸乙酯的含量。

学习目标

1. 知识目标

（1）掌握气相色谱法测定工业乙酸乙酯含量的流程；

（2）掌握归一定量分析方法。

2. 能力目标

（1）会进行保留时间定性；

（2）会使用工作软件建立分析方法；

（3）会带质控样检测；

（4）能说出色谱法定量依据；

（5）能说出归一法特点。

3. 素养目标

养成科学严谨，一丝不苟的工作态度。

获取信息

测定工业乙酸乙酯参照的国标有：GB/T 10345—2022《白酒分析方法》、GB/T 12717—2007《工业用乙酸酯类试验方法》等。根据国标中介绍的方法，检测工业乙酸乙酯的方法主要是毛细管气相色谱法、填充柱色谱法。本书中主要介绍毛细管气相色谱法测定工业乙酸乙酯的含量。

任务解析

一、明细任务流程

开启→建立分析方法→测定校正因子→定性分析→定量分析→关机→数据处理

二、任务难点分析

难点 1：使用色谱工作站

难点 2：归一法定量分析

三、条件需求与准备

1. 设备

2. 毛细管柱

LPZ-930 白酒分析专用柱（柱长 18 m，内径 0.53 mm）、FFAP 毛细管色谱（柱长 35~50 m，内径 0.25 mm，涂层 0.2 μm），或其他具有同等分析效果的毛细管色谱柱。

3. 填充柱

柱长不短于 2 m。

4. 载体

Chromosorb W（AW）或白色担体（酸洗，硅烷化），80 目 ~100 目。

5. 固定液

20%DNP（邻苯二甲二壬酯）加 7% 吐温 80，或 10%PEG（聚乙二醇）1 500 或 PEG 20M。

6. 试剂和溶液

体积分数 60% 乙醇溶液、2% 乙酸乙酯溶液、2% 乙酸正戊酯溶液、2% 乙酸正丁酯溶液。

四、任务实施

1. 气路调节

开氢气钢瓶总阀或开启氢气发生器，调减压阀使出口压力值为 0.15~0.18 MPa 间，调节仪器稳压阀压力为 0.05 MPa，检查进样口是否漏气，如果进样口漏气，需要更换气垫。

2. 设置参数

按“温度设置”键，按照 GB/T 10345—2022《白酒分析方法》最佳色谱条件数据设置柱温、氢火焰离子化检测器（FID）、进样口温度和桥电流。选择“加热”，当温度达到所设温度时候，恒温灯亮。按“显示”键可以查看各项温度值。

3. 建立分析方法

打开色谱工作站，选择通道 1，单机“方法”选择“新建”，按提示建立“校正归一化法”。建立步骤如下：单击“新建”输入样品名。单击“下一步”，然后选择定量基准“峰面积”，在同一页面选择“校正归一法”，再单击“下一步”，输入“组分名字”再单击“添加”按钮，继续添加其他组分。再单击“下一步”，设定样品的“常规信息”（不需要设定的直接单击“下一步”）。单击“下一步”，单击“完成”。

4. 校正因子（f 值）的测定

吸取 2% 乙酸乙酯溶液 1.00 mL，移入 100 mL 容量瓶中，加入内标溶液（2% 乙酸正戊酯溶液或 2% 乙酸正丁酯溶液）1.00 mL，用 60% 乙醇溶液稀释至刻度。此时上述溶液中乙酸乙酯和内标的浓度均为 0.02%。待色谱仪基线稳定后，用微量注射器进样，进样量随仪器的灵敏度而定。记录乙酸乙酯和内标峰的保留时间及其峰面积（或峰高），用其比值计算出乙酸乙酯的相对校正因子。校正因子按下式计算。

$$f=\frac{A_1}{A_2}\times\frac{d_2}{d_1}$$

式中，f ——乙酸乙酯的相对校正因子；

A_1——标样 f 值测定时内标的峰面积（或峰高）；

A_2——标样 f 值测定时乙酸乙酯的峰面积（或峰高）；

d_2——乙酸乙酯的相对密度；

d_1——内标物的相对密度。

5. 样品的测定

吸取样品 10.0 mL 于 10 mL 容量瓶中，加入内标溶液（2% 乙酸正戊酯溶液或 2% 乙酸正丁酯溶液）0.10 mL，混匀后，在与 f 值测定相同的条件下进样，根据保留时间确定乙酸乙酯峰的位置，并测定乙酸乙酯与内标峰面积（或峰高），求出峰面积（或峰高）之比，计算出样品中乙酸乙酯的含量。结果通过下式进行计算。

$$X_i=f\times\frac{A_3}{A_4}\times I\times10^{-3}$$

式中，X_i——样品中乙酸乙酯的质量浓度，单位为克 / 升（g/L）；

f ——乙酸乙酯的相对校正因子；

A_3——样品中乙酸乙酯的峰面积（或峰高）；

A_4——添加于酒样中内标的峰面积（或峰高）；

I ——内标物的质量浓度（添加在酒样中），单位为毫克 / 升（mg/L），所得结果应保留两位小数。

进行决策

1. 气相色谱分析内标法定量要选择一个适宜的（　　），并要与其他组分（　　）。

2. 气相色谱分析用内标法定量时，内标峰与（　　）要靠近，内标物的量也要接近（　　）的含量。

3. 结合微课视频，绘制本课思维导图。

4. 选择程序升温方法进行分离的样品主要是（　　）。

A. 同分异构体　　B. 同系物

C. 沸点差异大的混合物　　D. 极性差异大的混合物

5. 气相色谱分析的定量方法中，必须用到校正因子的方法是（　　）。

A. 外标法　　B. 内标法　　C. 标准曲线法　　D. 归一化法

6. 色谱定量分析的依据是色谱峰的（　　）与所测组分的质量（或浓度）成正比。

A. 峰高　　B. 峰宽　　C. 峰面积　　D. 半峰宽

7. 气相色谱分析中常用的载气有（　　）。

A. 氮气　　B. 氧气　　C. 氢气　　D. 甲烷

8. 气相色谱仪在使用中若出现峰不对称，应通过（　　）的方法排除。

A. 减少进样量　　B. 增加进样量

C. 减少载气流量　　D. 确保汽化室和检测器的温度合适

任务实施

1. 请完成以下表格。

<table>
<tr><td colspan="2">记录编号</td><td colspan="6"></td></tr>
<tr><td colspan="2">样品名称</td><td colspan="2"></td><td colspan="2">样品编号</td><td colspan="2"></td></tr>
<tr><td colspan="2">检验项目</td><td colspan="2"></td><td colspan="2">检验日期</td><td colspan="2"></td></tr>
<tr><td colspan="2">检验依据</td><td colspan="2"></td><td colspan="2">判定依据</td><td colspan="2"></td></tr>
<tr><td colspan="2">温度</td><td colspan="2"></td><td colspan="2">相对湿度</td><td colspan="2"></td></tr>
<tr><td colspan="2">检验设备（标准物质）及编号</td><td colspan="6"></td></tr>
<tr><td colspan="8">仪器分析：
载气流速 ________mL/min　柱温__________℃
汽化室__________℃　检测器__________℃</td></tr>
<tr><td colspan="8">一、标液及质控液配置</td></tr>
<tr><td colspan="2">溶液名称</td><td colspan="2">浓度 /（μg/mL）</td><td colspan="4">配置方法</td></tr>
<tr><td colspan="2">乙酸乙酯</td><td colspan="2"></td><td colspan="2"></td><td colspan="2"></td></tr>
<tr><td colspan="2">乙酸正丙酯</td><td colspan="2"></td><td colspan="2"></td><td colspan="2"></td></tr>
<tr><td colspan="2">质控液</td><td colspan="2"></td><td colspan="2"></td><td colspan="2"></td></tr>
<tr><td colspan="8">二、测定校正因子</td></tr>
<tr><td colspan="2">测量次数</td><td>乙酸乙酯</td><td>乙酸正丙酯</td><td colspan="4"></td></tr>
<tr><td colspan="2">质量 m/g</td><td></td><td></td><td colspan="2">乙酸乙酯</td><td colspan="2">乙酸正丙酯</td></tr>
<tr><td rowspan="3">峰面积 A/μV · s</td><td>1</td><td></td><td></td><td></td><td></td><td></td><td></td></tr>
<tr><td>2</td><td></td><td></td><td></td><td></td><td></td><td></td></tr>
<tr><td>3</td><td></td><td></td><td></td><td></td><td></td><td></td></tr>
</table>

续表

平均校正因子						
三、定性分析						
测定结果		t_M/min	t_g/min	t'_g/min	定性结论	
试样	色谱峰 1					
	色谱峰 2					
四、定性分析						
测定结果		t_M/min	t_g/min	t'_g/min	定性结论	
标准溶液						
五、定量分析						
组分名称						
相对校正因子						
峰面积 A/μV·s	1					
	2					
	3					
质量分数/%	1					
	2					
	3					
平均质量分数/%						
相对标注偏差						
质控液						
检验人			复核人			

评价反馈

1. 学习总结（收获、感受、注意事项）

2. 学习评价

评价指标	评价要素	等级评定	
		自评	教师评
标准溶液	计算思路 计算结果		

续表

评价指标	评价要素	等级评定	
		自评	教师评
样品称量	天平使用 称量范围		
开机、关机	检查气漏 气体压力设定		
数据测量	条件设置正确 定性正确 分析方法建立 质控样检测 能说出定量依据 能说出归一化法		
结束工作	关气顺序 电源关闭 填写仪器实验记录卡		
学习方法	预习报告书写规范		
工作过程	遵守管理规矩 操作过程符合现场管理要求 出勤情况		
思维状态	能发现问题，提出问题 分析问题，解决问题		
自评反馈	按时按质完成工作任务 掌握了专业知识		
总成绩			

能力拓展

“7S”管理内涵

“7S”管理是基于日本“5S” 管理方式的一种管理方法，“5S”即整理、整顿、清扫、清洁、素养，“6S”在此基础上多了一个安全，“7S”多了一个节约。

“5S”起源于日本，是指在生产现场对人员、机器、材料、方法、信息等生产要素进行有效管理。这是日本企业独特的管理办法。因为整理（Seiri）、整顿（Seiton）、清扫（Seiso）、清洁（Seiketsu）、素养（Shitsuke）是日语外来词，在罗马文拼写中，第一个字母都为 S，所以称之为“5S”。近年来，随着人们对这一活动认识的不断深入。有人又添加了“安全（Safety）、节约（Save）”等内容，分别称为“6S”“7S”。

1S（整理）

定义：区分需要用的和不需要用的，不需要用的清除掉。

目的：把“空间”腾出来活用。

2S（整顿）

定义：要用的东西依规定定位、定量摆放整齐，明确标识。

目的：不用浪费时间找东西。

3S（清扫）

定义：清除工作场所内的脏污，并防止污染的发生。

目的：消除“脏污”，保持工作场所干干净净、明明亮亮。

4S（清洁）

定义：将上面3S实施的做法制度化、规范化，并维持成果。

目的：通过制度化来维持成果，并显现“异常”之所在。

5S（素养）

定义：人人依规定行事，从心态上养成好习惯。

目的：提升“人的品质”，养成工作讲究认真的习惯。

6S（安全）

A. 管理上制定正确作业流程，配置适当的工作人员监督指示功能。

B. 对不合安全规定的因素及时举报消除。

C. 加强作业人员安全意识教育。

D. 签订安全责任书。

目的：预知危险，防患于未然。

7S（节约）

定义：减少企业的人力、成本、空间、时间、库存、物料消耗等因素。

目的：养成降低成本习惯，加强作业人员减少浪费意识教育。

坚定理想信念和厚植爱国主义情怀、职业精神和职业素养、品德修养和人格养成，树立正确的世界观、人生观、价值观；增强法律意识、质量意识、安全意识；养成科学严谨、诚实守信、团结协作的职业素养；激发为国家振兴、民族强盛、科技报国的家国情怀和使命担当。

项目五 高效液相色谱法测定水中苯并［a］芘的含量

苯并芘是一种公认的强致癌物质，人体和动物摄入该物质后，可诱发皮肤、肺和消化道癌症，对健康造成很大威胁。我国 GB 5749—2022《生活饮用水卫生标准》规定生活饮用水中苯并［a］芘限值为 0.000 01 mg/L。GB/T 5750—2023《生活饮用水标准检验方法》推荐使用高效液相色谱法测定苯并［a］芘。参考 GB/T 5750—2023，小组讨论后，制订水中苯并［a］芘检验方案，准确测定水中苯并［a］芘的含量，并根据标准评定饮用水中苯并［a］芘含量是否符合标准。

任务一 高效液相色谱法测定水中苯并［a］芘含量的原理

任务描述

本任务旨在掌握高效液相色谱法测定水中苯并［a］芘含量的原理。根据学习任务，测定水中苯并［a］芘的含量，查阅 GB/T 5750—2023《生活饮用水标准检验方法》，明确测定方法，通过深入学习高效液相色谱法以及相关理论知识，发展分析和解决问题的能力，培养创新思维和团队合作精神。

学习目标

1. 知识目标

（1）了解高效液相色谱法的基本原理及其在测量苯并［a］芘含量中的应用；

（2）理解高效液相色谱法的主要类型及其分离过程；

（3）掌握外标法计算被测离子含量的方法。

2. 能力目标

（1）能够在实际检测任务中灵活使用高效液相色谱法解决水中苯并［a］芘浓度测定问题；

（2）能够分析和理解高效液相色谱法的测定原理，将其应用于实际问题中。

3. 素养目标

（1）在实验过程中养成科学严谨，精益求精的工作态度；

（2）培养创新思维，通过对高效液相色谱法以及相关理论的学习，为今后应用于新技术、新方法的研究打下基础；

（3）增强团队合作精神，在学习过程中通过相互交流与讨论，共同完成任务；

（4）通过本项目的学习，激发对于实际问题和应用的兴趣和关注，关心水资源和环境质量，培养环境保护意识。

获取信息

气相色谱能分析具有较低沸点且加热不分解的样品，这部分样品只占全部有机物的约20%，而其余80%属于沸点高、分子量大、受热易分解的有机物、生物活性物质以及多种天然产物，这些物质的分析就可以由高效液相色谱来完成。

一、高效液相色谱法的由来

如果用液体流动相去替代气相流动相，则可达到分离分析的目的，对应的色谱分析方法就称为液相色谱法。事实上早在1906年，俄国植物学家Tswett为了分离植物色素发明的色谱就是所谓的液相色谱。但柱效极低，直到20世纪60年代后期，才将已比较成熟的气相色谱的理论与技术应用于经典液相色谱，经典液相色谱才得到了迅速的发展。填料制备技术的发展、化学键合型固定相的出现、柱填充技术的进步以及高压输液泵的研制，使液相色谱实现了高速化和高效化，产生了具有现代意义的高效液相色谱，而具有真正优良性能的高效液相色谱仪直到1967年才出现。

二、高效液相色谱法与经典液相色谱法比较

高效液相色谱（HPLC）还可称为高压液相色谱、高速液相色谱、高分离度液相色谱或现代液相色谱，与经典液相（柱）色谱法比较，HPLC能在较短的分析时间内获得高柱效和高分离能力，具体比较如表5–1所示。

表5-1　高效液相色谱法与经典液相（柱）色谱法的比较

项目	方法	
	高效液相色谱法	经典液相（柱）色谱法
色谱柱：柱长 /cm	10~25	10~200
柱内径 /cm	2~10	10~50
固定相粒度：粒径 /μm	5~50	75~600
筛孔 / 目	300~2500	30~200
色谱柱入口压力 /MPa	2~20	0.001~0.1
色谱柱柱效 /（理论塔板数 /m）	2×10^2~5×10^4	2~50
进样量 /g	10^{-6}~10^{-2}	1~10
分析时间 /h	0.05~1.0	1~20

三、高效液相色谱法与气相色谱法比较

高效液相色谱分析法与气相色谱分析法一样，具有选择性高、分离效率高、灵敏度高、分析速度快的特点，但它恰好能适于分析气相色谱分析法不能分析的高沸点有机化合物、高分子和热稳定性差的化合物以及具有生物活性的物质，弥补了气相色谱分析法的不足。这两种分析法的比较如表 5-2 所示。

表 5-2　高效液相色谱法和气相色谱法的比较

项目	方法	
	高效液相色谱法	气相色谱法
进样方式	样品制成溶液	样品需加热汽化或裂解
流动相	1. 液体流动相可为离子型、极性、弱极性、非极溶液，可与被分析样品产生相互作用，并能改善分离的选择性； 2. 液体流动相动力黏度为 10^{-3} Pa·s，输送流动相压力高达 2~20 MPa	1. 气体流动相为惰性气体，不与被分析的样品发生相互作用； 2. 气体流动相动力黏度为 10^{-5} Pa·s，输送流动压力仅为 0.1~0.5 MPa
固定相	1. 分离机理：可依据吸附、分析、筛选、离子交换、亲和等多种原理进行样品分离，可供选用的固定相种类繁多； 2. 色谱柱：固定相粒度大小为 5~10 μm；填充柱内径为 3~6 mm，柱长 10~25 cm，柱效为 10^3~10^4；毛细管柱内径为 0.01~0.03 mm，柱长 5~10 m，柱效为 10^3~10^4；柱温为常温	1. 分离机理：依据吸附、分配两种原理进行分离，可供选用的固定相种类较多； 2. 色谱柱：固定相粒度大小为 0.1~0.5 mm；填充柱内径为 1~4 mm，柱效为 10^2~10^3；毛细管柱内径为 0.1~0.3 mm，柱长 10~100 m，柱效为 10^3~10^4；柱温为常温 ~300 ℃
检测器	选择性检测器：UVD，PDAD，FD，ECD； 通用型检测器：ELSD，RID	通用型检测器：TCD，FID（有机物）； 选择性检测器：ECD*，FPD，NPD
应用范围	可分析低分子量、低沸点；高沸点、中分子、高分子有机化合物（包括非极性、极性）；离子型无机化合物；热不稳定，具有生物活性的生物分子	可分析低分子量、低沸点有机化合物；永久性气体；配合程序升温可分析高沸点有机化合物；配合裂解技术可分析高聚物
仪器组成	溶质在液相中的扩散系数（10^{-5}cm^2·s^{-1}）很小，因此在色谱柱以外的死空间应尽量小，以减少柱外效应对分离效应的影响	溶质在液相中的扩散系数（0.1 cm^2·s^{-1}）大，柱外效应的影响较小，对毛细管气相色谱应尽量减少柱外效应对分离效果的影响

注：UVD——紫外吸收检测器；PDAD——二极管阵列检测器；FD——荧光检测器；ECD——电化学检测器；RID——示差折光检测器；ELSD——蒸发激光散射检测器；TCD——热导检测器；FID——氢火焰离子化检测器；ECD*——电子捕获检测器；FPD——火焰光度检测器；NPD——氮磷检测器。

任务解析

高效液相色谱法和气相色谱法在基本理论方面没有显著不同，它们之间的重大差别在于作为流动相的液体与气体之间的性质的差别。高效液相色谱法根据固定相性质可分为吸附色谱法、键合相色谱法、离子交换色谱法和空间排阻（凝胶）色谱法。

1. 吸附色谱法

当组分分子流经固定相（吸附剂，如硅胶或氧化铝）时，不同组分分子、流动相分子对吸附剂表面的活性中心展开竞争。这种竞争能力的大小决定保留值大小，即被活性中心吸附得越牢的分子保留值越大。

2. 键合相色谱法

将类似于气相色谱中的固定液的液体通过化学反应键合到硅胶表面，从而形成固定相。采用化学键合固定相的色谱法称为键合相色谱。若采用极性键合相、非极性流动相，则称为正相色谱；采用非极性键合相、极性流动相，则称为反相色谱。这种分离的保留值大小主要取决于组分分子与键合固定液分子间作用力的大小。

3. 离子交换色谱法

流动相中的被分离离子与作为固定相的离子交换剂上的平衡离子进行可逆交换时，对交换剂的基体离子亲和力大小的不同，从而达到分离。组分离子对交换剂基体离子亲和力越大，保留时间越长。离子交换色谱法主要用来分离离子或可离解的化合物，它不仅应用于无机离子的分离，还用于有机物的分离，因此在生物化学领域中已得到广泛应用。

4. 空间排阻（凝胶）色谱法

以表面具有不同大小（一般为几个纳米到数百个纳米）空穴的凝胶为固定相的色谱法称为空间排阻色谱法（又称凝胶色谱法）。溶质在两相之间被分离靠的是自身体积大小的不同。对于二定的凝胶，它具有一定大小的孔穴分布。试样进入色谱柱后，随流动相在凝胶外部间隙以及孔穴旁流过。试样中一些分子由于体积太大不能进入凝胶孔穴中而被排斥在外，因而直接通过并离开色谱柱，首先被检测器接收而在色谱图上出现；另外，一些体积太小的分子可以进入所有凝胶孔穴而渗透到颗粒中，这些组分经过色谱柱所需的时间相比最长，保留值最大。中等体积的分于可以渗入孔径较大的凝胶孔穴中，但受到较小的孔穴的排阻，就以中等速度通过柱子。因为溶剂分于通常是体积非常小者，因此最后离开色谱柱。

以上就是高效液相色谱法测定水中苯并［*a*］芘含量的理论依据。

◎ 进行决策

引导问题 1. 测定水中苯并［*a*］芘含量有什么意义？

引导问题 2. 高效液相色谱法有哪些类型，该如何选择？

引导问题 3. 我们应该怎样利用高效液相色谱法测定水中苯并［a］芘的含量?

引导问题 4. 查阅相关资料，明晰表中所列方法的优缺点及适用范围。

方法	优缺点
薄层层析法	
荧光光度法	
紫外-可见分光光度法	
高效液相色谱法	

引导问题 5. 归纳总结，整理出高效液相色谱法分离方式的参考依据。

引导问题 6. 根据国家标准，请在表中填写用高效液相色谱法测定水中苯并［a］芘含量时所需试剂。

序号	名称	规格
1		
2		
3		
4		
5		
6		
7		

引导问题 7. 根据 GB/T 11895—1989《水质　苯并［a］芘的测定　乙酰化滤纸层析荧光分光光度法》，完成下表。

项目名称	高效液相色谱法测定水中苯并［a］芘的含量		项目依据或标准来源		
任务名称	高效液相色谱法测定水中苯并［a］芘含量的原理				
完成情况					
说明					
接单时间		完成时间		接单人	

任务实施

引导问题 1. 高效液相色谱法测定水中苯并［a］芘含量，选择的色谱柱是什么类型的？

引导问题 2. 高效液相色谱法测定水中苯并［a］芘含量，选择的流动相是什么，比例是什么？

引导问题 3. 高效液相色谱法测定水中苯并［a］芘含量的过程，水相中是否需要加入盐？

评价反馈

1. 学习总结（收获、感受、注意事项）

2. 学习评价

评价指标	评价要点	等级评定	
		自评	教师评价
项目认知	测定水中苯并［a］芘含量的意义 高效液相色谱法		
测定原理	高效液相色谱法测定水中苯并［a］芘含量的原理 液相色谱分离原理		
查阅标准	标准名称 相关标准的完整性 适用范围 检验方法 方法原理 试验条件 检测主要步骤 检测限 准确度 精密度		
试剂确认	试剂种类 试剂纯度 试剂数量		

续表

评价指标	评价要点	等级评定	
		自评	教师评价
仪器确认	仪器种类 仪器规格 仪器精度		
安全	安全意识		
总成绩			

能力拓展

高效液相色谱法的由来及发展

高效液相色谱（High Performance Liquid ChromatograpHy，HPLC）是一种重要的色谱技术，其发展史可以追溯到 20 世纪 50 年代。随着化学、医药等领域的不断发展，高效液相色谱的应用范围也不断扩大，成为现代分析化学不可或缺的分离和检测技术之一。

1. HPLC 的诞生

HPLC 最早的萌芽可以追溯到 20 世纪 50 年代初，当时荷兰科学家 Martin Tswett 使用硅胶柱分离了不同的植物色素，并提出了色谱法的基本原理。20 世纪 60 年代初，日本、美国、英国等国家的科学家陆续开始从事色谱技术的研究工作，并取得了一系列重要的成果。其中，美国的 A.J.Martin 教授是 HPLC 领域的重要奠基人，他在 1963 年发表的一篇论文中提出了一种新型的液相色谱技术，即高效液相色谱（HPLC）。

HPLC 相对传统的液相色谱（TLC）和气相色谱（GC）来说，具有分离效率高、分离能力强、适用范围广、检测灵敏度高、样品处理简单等优点，成了分析化学研究领域中不可或缺的工具。

2. HPLC 的发展

在 1960 年代后半期，HPLC 的技术水平有了显著的提高。随着液相色谱柱材的改进和分离研究的深入，HPLC 分离出的目标物质越来越多，对分离效率的要求也越来越高。同时，总体上 HPLC 的动态范围、分离效率、灵敏度、分辨率和稳定性等方面也得到了不断改进和提高。

20 世纪 70 年代，随着高效液相色谱技术的发展，HPLC 的效率得到了进一步提高。高效液相色谱使用的分离柱内径小于 1 mm，需要使用高于常温的温度以及高压驱动，达到快速分离的效果。随着分析化学领域的发展，HPLC 应用的范围也越来越广泛。例如，HPLC 可以用于生物分析、食品检测、环境监测、制药等各个领域。

3. HPLC 技术引入中国

HPLC 技术引入中国比较晚，最早可以追溯到 20 世纪 80 年代初期。随着中国经济的发展和科学技术的进步，HPLC 技术得到了快速发展。在 1990 年代，HPLC 技术得到了广泛应用，并且取得了一系列重要的成果。随着高效液相色谱技术的引入，HPLC 的分离效率、灵敏度等方面得到了进一步提高，使得 HPLC 技术在分析化学领域的作用更加突出。

4. HPLC 的未来发展

随着分析化学技术的进步和需求的不断增加，HPLC 技术有着广阔的发展前景。随着分离柱材料和检测器的不断提高和改进，HPLC 技术的灵敏度，稳定性，分离效率等方面还有很大的提升空间。同时，随着人工智能、大数据等技术的快速发展，将进一步改善和提高 HPLC 的应用前景。

总之，HPLC 技术的出现和发展为分析化学领域的研究和实践带来了极大的便利。随着分析化学技术的不断进步，HPLC 技术也会在更广阔的领域里发挥出更大的作用。

创新是引领发展的第一动力，发展动力决定发展速度、效能、可持续性。抓住了创新，就抓住了牵动经济社会发展全局的关键，因为唯创新者进，唯创新者强，唯创新者胜。

任务二　高效液相色谱法测定水中苯并［a］芘含量的仪器认知

任务描述

依据 GB/T 11895—1989《水质　苯并［a］芘的测定 乙酰化滤纸层折荧光分光光度法》，测定水中苯并［a］芘含量主要用到的仪器是高效液相色谱仪。本任务旨在让学生了解并掌握高效液相色谱仪的构造、使用方法和注意事项，掌握高效液相色谱仪测定水中苯并［a］芘含量的基本操作步骤。

学习目标

1. 知识目标

（1）熟悉测定水中苯并［a］芘含量的仪器装置；

（1）理解和掌握高效液相色谱仪的基本结构、功能和特点；

（2）掌握高效液相色谱仪的基本操作。

2. 能力目标

（1）能独立对高效液相色谱仪各部件进行安装；

（2）能准确地对高效液相色谱仪进行调试；

（3）能正确进行高效液相色谱仪的操作；

（4）能对高效液相色谱仪出现的故障进行排除及日常维护。

3. 素养目标

（1）培养遵循实验室规范、重视安全操作的态度；

（2）培养严谨、细致的实验习惯，遵循国家标准；

（3）提高发现问题、解决问题的能力，培养自主探索、思辨批判的精神；

（4）通过实践操作增强团队合作能力及责任心。

获取信息

高效液相色谱仪（HPLC）应用高效液相色谱原理，是主要用于分析高沸点不易挥发的、受热不稳定的和分子量大的有机化合物的仪器设备。它由储液器、泵、进样器、色谱柱、检测器、记录仪等几部分组成。储液器中的流动相被高压泵打入系统，样品溶液经进样器进入流动相，被流动相载入色谱柱（固定相）内，由于样品溶液中的各组分在两相中具有不同的分配系数，在两相中做相对运动时，经过反复多次的吸附-解吸的分配过程，各组分在移动速度上产生较大的差别，被分离成单个组分依次从柱内流出，通过检测器时，样品浓度被转换成电信号传送到记录仪，数据以图谱形式打印出来。

高效液相色谱仪分析中常用的定性方法有利用已知标准样品定性、利用检测器的选择性定性和利用紫外检测器全波长扫描功能定性等。

1. 利用已知标准样品定性

利用标准样品对未知化合物定性是常用的高效液相色谱定性方法。

由于每一种化合物在特定的色谱条件下（流动相组成、色谱柱和柱温等相同），其保留值具有特征性，因此，可以利用保留值进行定性。如果在相同的色谱条件下，被测化合物与标准样品的保留值一致，可以初步认为被测化合物与标准样品相同。若流动相组成经多次改变后，被测化合物的保留值仍与标准样品的保留值一致，就能进一步证实被测化合物与标准样品为同一化合物。

2. 利用检测器的选择性定性

同一种检测器对不同种类的化合物的响应值是不同的，而不同的检测器对同一种化合物的响应值也是不同的。所以，当某一被测化合物被两种或两种以上检测器检测时，两检测器或几个检测器对被测化合物检测灵敏度比值与被测化合物的性质是密切相关的，可以用来对被测化合物进行定性。这是双检测器定性的基本原理。

双检测器体系的联接有串联联接和并联联接两种方式。当两种检测器中的一种是非破坏型的，可以采用简单的串联联接方式，方法是将非破坏型检测器串接在破坏型检测器之前。若两种检测器都是破坏型的，需采用并联方式联接，方法是在色谱柱的出口端连接一个三通，分别联接到两个检测器上。在高效液相色谱中常用于定性分析的双检测体系是紫外检测器（UVD）和荧光检测器（FLD）。

3. 利用紫外检测器全波长扫描功能定性

紫外检测器是高效液相色谱中使用广泛的一种检测器。全波长扫描紫外检测器可以根据被检测化合物的紫外光谱图提供一些有价值的定性信息。传统的方法是在色谱图上某组分的色谱峰出现极大值，即浓度最大时，通过停泵等手段，使组分在检测池中滞留，然后对检测池中的组分进行全波长扫描，得到该组分的紫外可见光谱图，再取可能的标准样品按同样方法处理。对比两者光谱图即能鉴别出该组分与标准样品是否相同。某些有特殊紫外光谱图的化合物也可以通过对照标准谱图来识别。

任务解析

1. 高效液相色谱仪的基本组成

高效液相色谱仪是实现高效液相色谱分析的仪器设备，实现了对样品的高速、高效和高灵敏度的分离测定。高效液相色谱仪现在多是根据分析要求将所需单个单元组件组合而成，其基本结构和流程如图 5-1 所示，一般主要包括贮液器、高压输液泵、梯度淋洗装置、进样器、色谱柱、检测器以及记录仪（工作站）等部分。

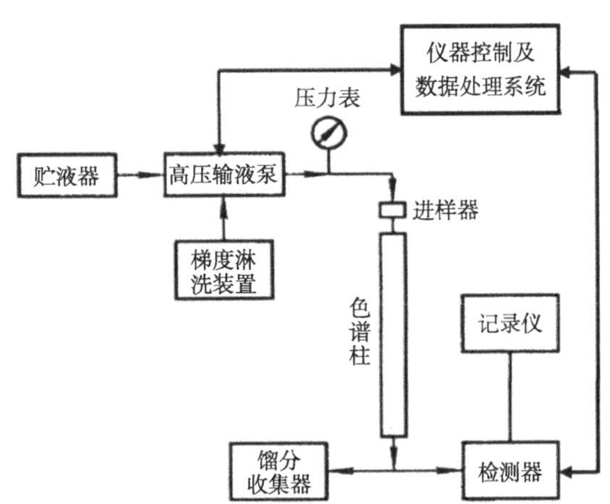

图 5-1　高效液相色谱仪典型结构示意图

2. 高效液相色谱仪的工作流程

贮液器中经过滤的流动相由高压输液泵以稳定的流速或压力输送到色谱柱入口；（若采用梯度淋洗方式常需双泵系统完成流动相的输送）样品由进样器自进样口注入后随流动相流经色谱柱，在色谱柱中完成组分分离。分离后的组分随流动相离开色谱柱依次进入检测器，检测器将检测到的信号输给记录仪（工作站）或其他数据处理系统记录、处理和保存。

3. 高效液相色谱仪的基本结构

（1）贮液器：贮存流动相液体（常需事先除气）的设备，用来供给足够数量、符合要求的流动相以完成分离分析任务。其应满足以下条件：应有足够的容积，确保重复测定时的供液；便于脱气；能耐一定压力；所选用的材质对所贮溶剂都是化学惰性的。

常用的脱气方法有：

①低压脱气法：电磁搅拌、抽真空，可同时加温或吹氮。

②吹氦脱气法：氦气经由一圆筒过滤器通入流动相溶剂中，在 0.1 MPa 压力下保持 15 min 左右，氦气的小气泡可将溶解在流动相溶剂中的空气带出。

③超声波脱气法：将流动相容器至于超声波清洗槽中，以水为介质进行超声脱气。一般 500 mL 流动相溶剂需超生 20~30 min 即可达到脱气目的。该法方便，不影响溶剂组成。但注意盛放溶剂的容器避免与超声波清洗槽的底或壁接触，以免破裂。

（2）高压输液泵：高效液相色谱仪的重要组成部分，提供流动相和样品通过色谱柱、进入检测器所需的动力，其性能好坏直接影响分析结果的可靠性。

高压输液泵应流量稳定，以保证重复测定结果的重复性和定量定性分析的精度；输出压力高，流量范围宽；耐酸、碱、缓冲液腐蚀；压力波动小；死体积小。

按排液性质可分为恒压泵（如气动放大泵）和恒流泵（如往复柱塞泵），气动放大泵结构如图 5–2 所示，其特点是制备容易，输液时压力稳定无脉动。但是流量调节不方便，在柱系统流路阻力发生变化时，流量也随之改变。这种泵很少用于梯度洗脱。

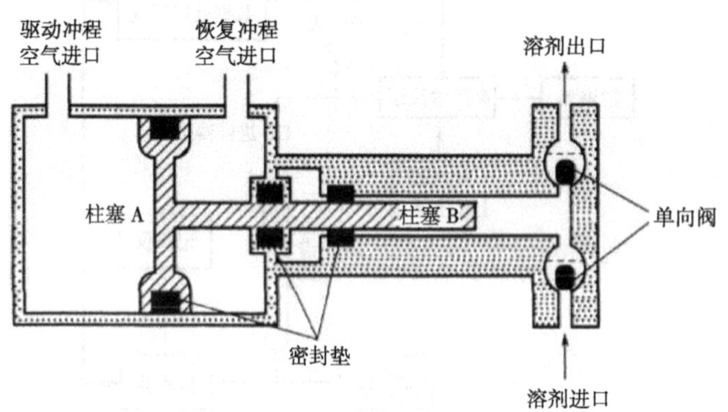

图 5-2　气动放大泵结构示意图

往复式柱塞泵结构如图 5–3 所示，是目前 HPLC 中使用最为广泛的。它的工作原理是：电动机带动凹轮转动，驱动柱塞在液缸内往复运动。当柱塞向前运动时，流动相输出，流向色谱柱；柱塞向后运动，将流动相吸入缸体；前后往复运动，流动相源源不断输送至色谱柱。

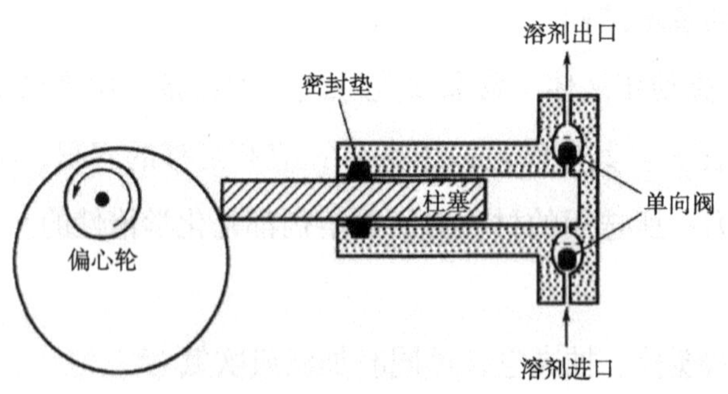

图 5-3　往复式柱塞泵结构示意图

往复式柱塞泵的特点是流量不受柱阻等因素影响，易于调节控制流量；液缸容积小，便于清洗和更换流动相等。但是它的输液脉动较大，常采用串联柱塞泵并加脉冲阻尼器以克服脉冲。由于这种泵的柱塞往复式运动频率高，对密封环的耐磨性、单向阀的刚性及精度要求都很高。

（3）梯度淋洗装置：梯度淋洗又称梯度洗提、梯度洗脱。梯度淋洗由两种或两种以上不同极性的溶剂作流动相，在分离过程中按一定程序连续、适时地改变流动相的极性配比，以改变欲分离组分的分离状况。

梯度淋洗分为低压梯度淋洗和高压梯度淋洗。

①低压梯度淋洗：采用在常压下预先按一定的程序将溶剂混合后再用泵输入色谱柱系统，也称泵前混合。

②高压梯度淋洗：用泵（通常要两台泵）将溶剂预先加压之后输入色谱系统的梯度混合室，进行混合后再送入色谱柱，也称泵后（高压）混合。

（4）进样器：将样品引入色谱柱的装置。对于液相色谱而言，要求其重复性要好，死体积要小，保证柱中心进样，进样时对色谱柱系统流量波动要小，便于自动化等。

目前常见的有进样阀和自动进样装置两种。一般高效液相色谱仪常用带有定量环的六通阀，其结构如图 5-4 所示。

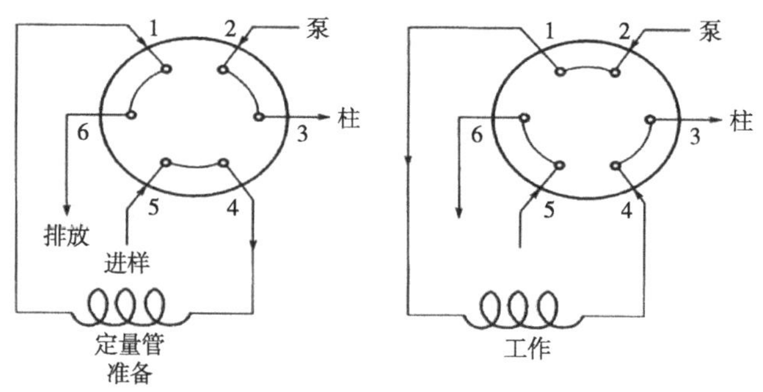

图 5-4　六通阀结构示意图

自动进样器是由计算机自动控制定量阀，按预先编制好的程序进行进样。其优点是可自动完成几十或上百个样品的分析。在进行大量样品的分析时，使用自动进样器操作可节省大量人力和时间。其结构如图 5-5 所示。

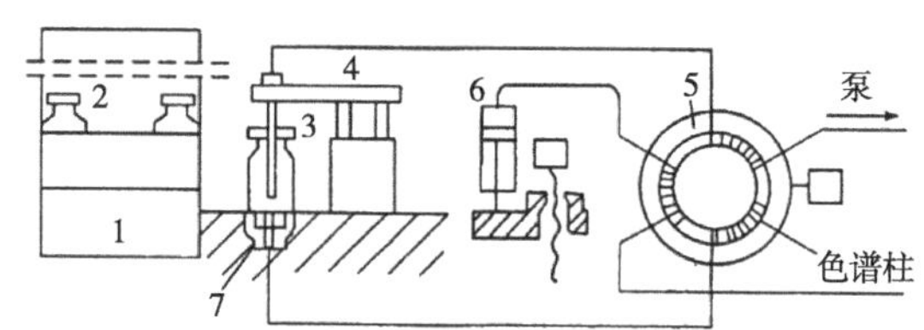

1—坐标式贮样架　2—样品瓶　3—取样针　4—取样升降机　5—方式切换阀　6—吸样泵　7—取样针插入口

图 5-5　坐标式自动进样装置结构示意图

（5）色谱柱：高效液相色谱仪的重要部件，由柱管和固定相组成。按主要用途可分为分析型色谱柱和制备型色谱柱，其结构如图 5-6 所示。

目前 HPLC 使用的标准柱型是内径为 4.6 mm 或 3.9 mm，长 10~30 cm 的直形不锈钢柱。微粒固定相的粒度一般在 3~10 μm，其柱效的理论值可达 50 000/m~160 000/m 理论塔板数。

在日常分析中，HPLC 普遍采用微粒高效固定相，100 mm 长柱子即可满足分析要求，如果采用 3 μm 的填料时，30 mm 长即可。对于难分离样品，柱长可增加到 250 mm。常用的分析柱内径是 4.6 mm，并且柱内壁是经过严格抛光的。

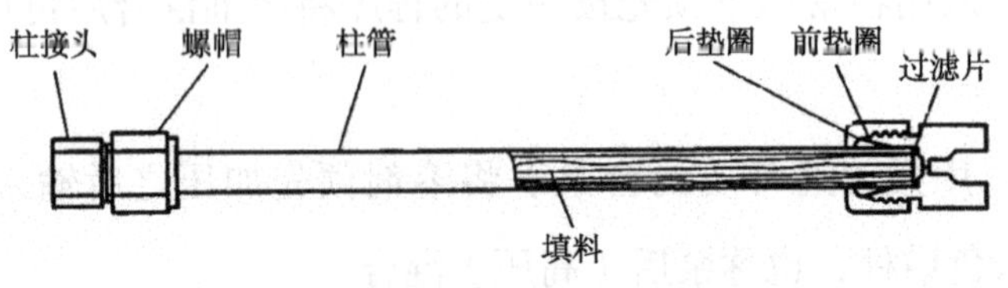

图 5-6　色谱柱结构示意图

色谱柱的装填对柱效影响很大，常用匀浆法填充。为防柱内的填料流出，在色谱柱的两端有烧结不锈钢或多孔聚四氟乙烯过滤片。装填好的色谱柱或购进的色谱柱，均应检查柱效，以评价色谱柱的质量。

（6）检测器：理想的液相色谱检测器应具备灵敏度高、重现性好、响应速度快、线性范围宽、通用性强、对流动相流速及温度变化不敏感、死体积小的特点。几种主要的常用液相色谱检测器的基本特性如表 5-3 所示。

表 5-3　几种主要的常用液相色谱检测器的基本特性

检测器	类型	最高灵敏度（g/mL）	温度影响	流速影响	用于梯度洗脱
紫外光度（UV）	选择性	5×10^{-10}	低	无	可以
示差折光（RI）	通用性	5×10^{-7}	有	无	不可
荧光（FD）	选择性	10^{-12}~10^{-9}	低	无	可以
红外吸收（IR）	选择性	~10^{-7}	低	无	可以
极谱	选择性	10^{-10}~10^{-9}	有	有	困难
电导	选择性	10^{-9}	有	有	不可
质谱	通用性	~10^{-8}	无	无	可以

①紫外光度检测器：是使用最广泛的一种检测器，是基于欲测组分（在流通池中）对特定波长的紫外光产生选择性吸收，对于单色光，组分浓度与吸光度之间服从吸收定律。其特点是灵敏度较高，噪声低，检出限小，适合大多数药物的质量分析，是一种浓度型检测器；选择性检测器，仅对有紫外吸收的物质有响应，可用于制备，或与其他检测器串联使用；对温度和流动相流量波动不敏感，可用于梯度洗脱。

紫外检测器有三种类型：固定波长型、可变波长型及二极管阵列检测器。目前使用最多的是可变波长型及二极管阵列检测器。

可变波长型紫外检测器是目前高效液相色谱仪中配置最多的检测器，采用氘灯作光源，波长在 190~600 nm 范围内可连续调节。其结构与一般的紫外分光光度计一致，主要差别是用流通池代替吸收池。其工作光路如图 5–7 所示。

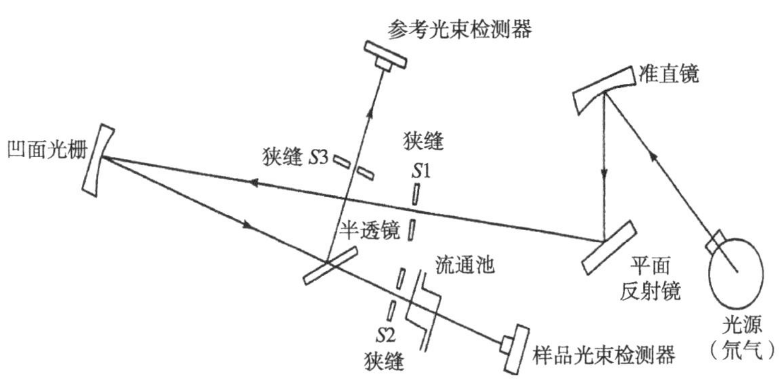

图 5-7　可变波长型紫外检测器工作光路示意图

二极管阵列检测器。一般认为是目前液相色谱最有发展、最好的检测器，其结构如图 5–8 所示。在该检测器中，先使光源发出的紫外光或可见光通过样品流通池，被流动相中的样品组分进行选择性吸收，再通过入射狭缝进行分光，这样就使得所含有吸收信息的全部波长的光聚焦在阵列上同时被检测，并用电子学方法以及计算机技术对二极管阵列快速扫描采集数据，观察色谱柱流出物的各个瞬间的动态光谱吸收图。

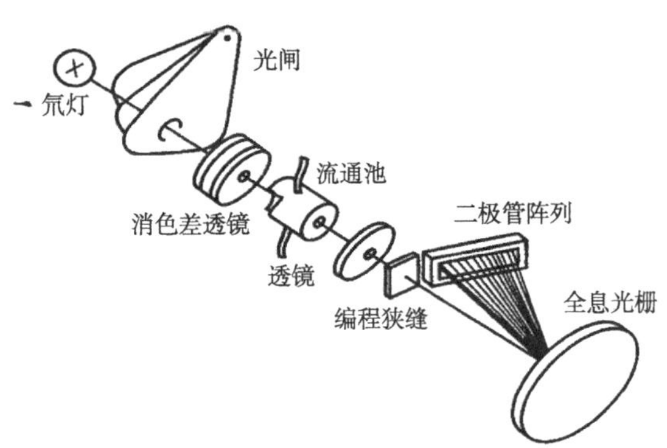

图 5-8　二极管阵列检测器结构示意图

②示差折光检测器：也称折射指数检测器，是通过连续监测参比池和测量池中溶液的折射率之差来测定试样浓度的检测器。样品在流动相中的浓度就是溶有样品的流动相和流动相本身之间的折射率之差。示差折光检测器一般按工作原理分为三种：反射式、偏转式和干涉式。图 5–9 所示是一种偏转式示差折光检测器的光路图。

特点：通用性强，操作简单，但是灵敏度低，流动相的变化会引起折射率的变化，不适用于痕量分析，也不适用于梯度洗脱。

应用：原则上，凡具有与流动相折射率不同的样品组分，均可使用示差折光检测器。

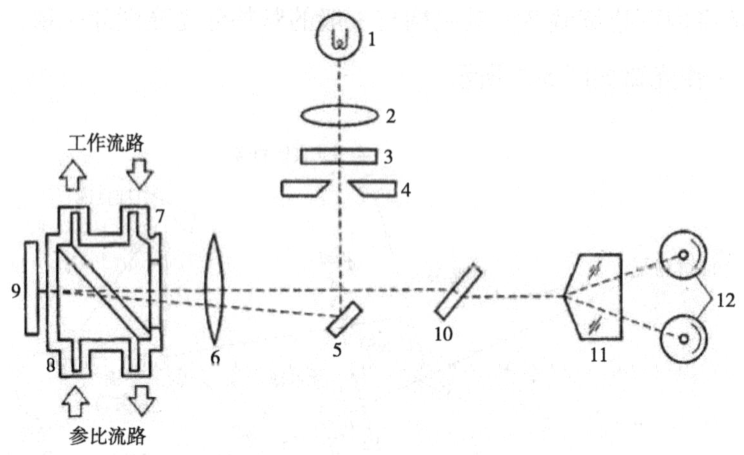

1. 光源 2. 透镜 3. 滤光片 4. 遮光板 5. 反射镜 6. 透镜 7. 工作池 8. 参比池 9. 平面反射镜 10. 透镜 11. 棱镜 12. 光电管

图 5-9 偏转式示差折光检测器光路图

③荧光检测器：如图 5-10 所示，由卤钨灯（光源）产生 280 nm 以上（或氙灯产生 250~600 nm）的强连续光谱，经透镜和激发滤光片从中分出所要求的谱带宽度并聚焦于流通池上，流通池中待测组分发射出与激发光呈 90° 角的荧光，经透镜聚焦、透过发射滤光片照射在光电倍增管上，变为可测量的信号。

特点：灵敏度高，检测限可达到 10^{-10} g · mL^{-1}，选择性好，样品用量少。

应用：具有荧光的有机化合物（如多环芳烃、氨基酸、胺类、维生素和某些蛋白质等），都可用荧光检测法检测。

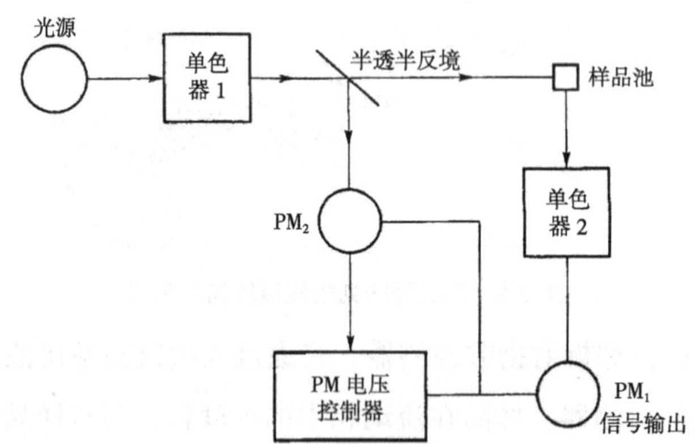

图 5-10 荧光检测器光路图

（7）工作站：又称色谱专家系统，是新近购置的高效液相色谱仪的配置单元，它是发展智能色谱所必须的。工作站的配置可使所有分析过程均可在线模拟显示，数据自动采集、处理和存储，并对整个分析过程实现自动控制。

4. 高效液相色谱仪的基本操作

（1）系统组成：以 LC-20 A 型液相色谱为例，该液相色谱由 2 个 LC-20AD 溶剂输送泵分为 A、B 泵，手动进样器，C18 填料色谱柱，SPD-20 A 紫外-可见检测器，N2010 工作站等组成。面板图如图 5-11 所示。

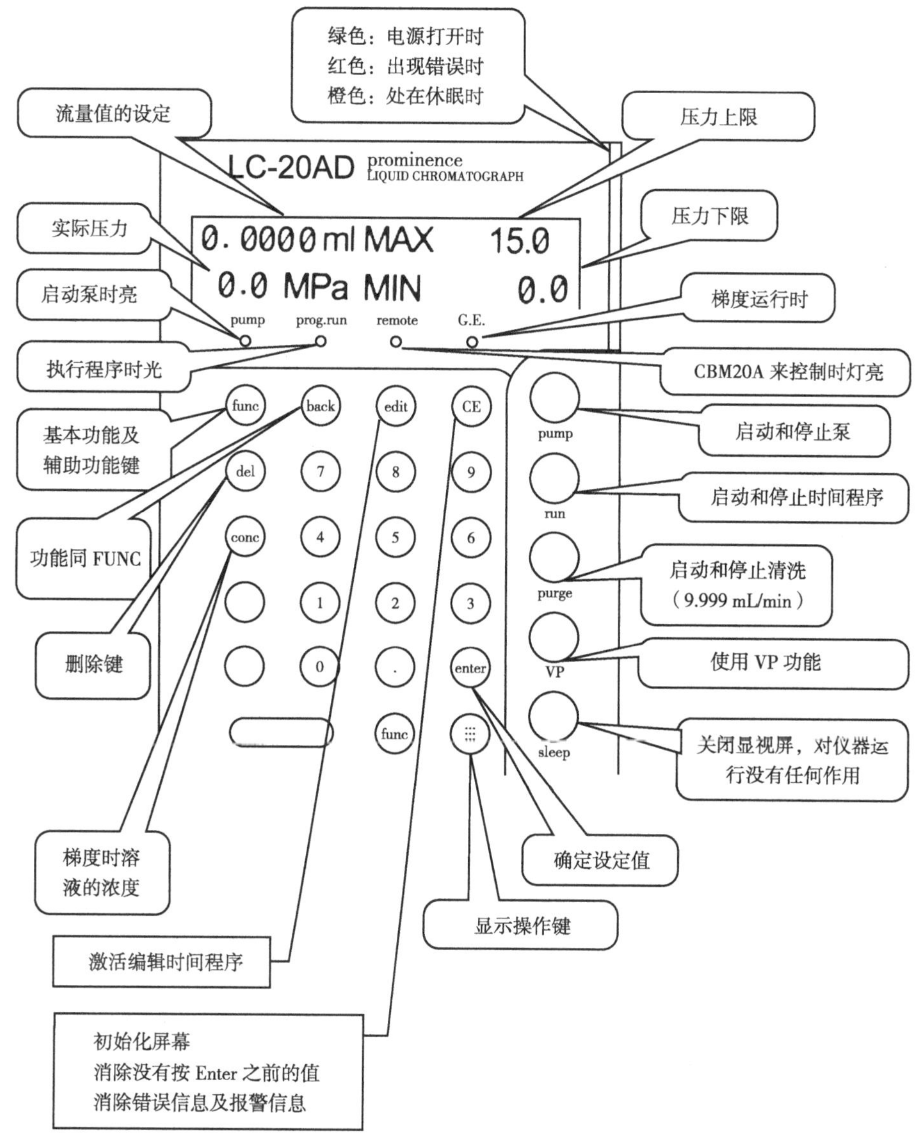

图 5-11　LC-20AD 溶剂输送泵面板图

（2）准备工作：

①流动相准备：使用前应根据待检测样品的检验方法准备所需的流动相，用合适的 0.45 μm 滤膜过滤（有机相和水相分别选用各自的专用滤膜，有机相用尼龙，水相用纤维素），超声脱气 20 min 以上待用；

②色谱柱准备：根据待检测样品的需要选用合适色谱柱，柱进出口方向应与流动相流向一致（检查柱上“FLOW”流向）；

③样品溶液配置：配置样品和标准溶液（也可在平衡系统时配制），用合适的 0.45 μm 样品

过滤器过滤后待用。如检测中发现检测峰拖尾严重，可稀释后使用。严禁使用未经处理的浑浊溶液进样；

④检查仪器各种部件的电源线、数据线和输液管道是否连接正常。

（3）开机、参数设定及平衡系统

①接通电源，依次开启稳压电源、A 泵、B 泵、检测器，待泵和检测器自检结束后，打开电脑显示器、主机，启动工作站软件。

②排气泡或更换流动相的操作方法（操作时滤头必须全部浸入流动相中，否则，可能带入气泡。更换流动相时，须先把泵关掉，等柱压为零再拿出滤头更换）。

③参数设定：分别设定波长、流速、流动相比例及梯度。

a. 波长设定：在检测器显示初始屏幕时，按［func］键，用数字键输入所需波长值，按［enter］键确认，按［CE］键退出到初始屏幕。

b. 流速设定：在 A 泵显示初始屏幕时，按［func］键，用数字键输入所需流速（柱在线时流速一般不超过 1 mL · min^{-1}），按［enter］键确认，按［CE］键退出。

c 流动相比例设定：在 A 泵显示初始屏幕时，按［conc］键，用数字键输入流动相 B 的浓度百分数，按［enter］键确认，按［CE］键退出。

d. 梯度设定：在 A 泵显示初始屏幕时，按［edit］键，［enter］键；用数字键输入时间，［enter］键，重复按［func］健选择所需功能（FLOW 设定流速，BCNC 设定流动相 B 的浓度），按［enter］键，用数字键输人设定值，按［enter］键；重复上一步设定其他时间步骤；用数字键输入停止时间，重复按［func］键直至屏幕显示 STOP，按［enter］键确认，按［CE］键退出。

④平衡系统

a. 按《N2010 色谱数据工作站操作规程》打开“在线色谱工作站”软件，输入实验信息并设定各项方法参数。

b. 等度洗脱方式：按 A 泵的［pump］键，A、B 泵将同时启动，pump 指示灯亮。用检验方法规定的流动相冲洗系统，一般最少需 6 倍柱体积的流动相；检查各管路连接处是否漏液，如漏液应予以排除；观察泵控制屏幕上的压力值，压力波动应不超过 1 MPa，如超过则可初步判断为柱前管路仍有气泡，进行气泡排除操作；观察基线变化。如果冲洗至基线漂移 <0.01 mV · min^{-1}，噪声为小于 0.001 mV 时，可认为系统已经达到平衡状态，可以进样。

c. 梯度洗脱方式：以检查方法规定的梯度初始条件，按上述方法平衡系统；在进样前运行 1~2 次空白梯度，方法为：按 A 泵的［run］键，prog.run 指示灯亮，梯度程序运行；程序停止时，prog.run 指示灯灭；如果使用前色谱柱中保存的流动相为纯甲醇或纯乙腈，而新流动相中含有缓冲盐时，应先用纯水冲洗色谱柱 10 min 左右再使用流动相，以免盐析出，损坏系统；若系统为正相或反相交换使用，应先将所有管路用异丙醇清洗后再换新流动相使用。

（4）检测

①进样前按检测器［zero］键调零；

②用试样溶液清洗注射器，并排除气泡后抽取适量；

③每次进样量要基本一致，进样针里不可有气泡，如有，及时赶去；

④在进样阀处于“inject”状态时，插入进样器，迅速旋转至 load 状态，注入样品，旋回 inject 位置，进样结束；

⑤至样品检测结束，在 N2010 色谱工作站软件上计算结果。

（5）清洗系统关机

①手动进样器清洗：用注射器吸 20 mL 超纯水后套上冲洗头，将冲洗头轻轻顶在进样口上（不宜用力过大，否则容易损坏进样口），使进样阀保持在 load 位置，慢慢将水推入，水将通过注射针导入口、引导管和注射针密封圈，由样品溢出管排出。

②色谱柱清洗：继续以分析中使用的流动相冲洗 10 分钟以上，待基线平稳后关闭检样器，冲洗色谱柱。

如果流动相不含缓冲盐，可以用甲醇：水＝70 ∶ 30（或用纯甲醇）直接冲洗 30 分钟以上后把流速设为零，然后关闭所有仪器设备，顺序为：先退出工作站软件，再依次关闭系统控制器、检测器、自动进样器、柱温箱、泵。

如流动相含缓冲盐可先用纯水冲洗 20~30 分钟后，再用甲醇：水＝70 ∶ 30（或用纯甲醇）冲洗 30 分钟以上，流速设零后再关闭仪器各部分电源，然后关闭总电源结束实验，离开实训室。

进行决策

引导问题 1. 高效液相色谱仪的规范操作流程是什么？

引导问题 2. 高效液相色谱仪在使用过程中需要注意哪些事项？

引导问题 3. 我们在利用高效液相色谱仪测定水中苯并［a］芘的含量时要注意培养哪些职业素质？

引导问题 4. 查阅相关资料，明晰表中所列组成部件的作用、要求、主要类型、不同类型的优缺点及适用范围。

主要部件	作用	要求	主要类型	不同类型优缺点	适用范围
贮液器					
高压泵					
梯度淋洗装置					
进样器					
色谱柱					
检测器					
工作站					

引导问题 5. 归纳总结，绘制高效液相色谱仪的工作流程图。

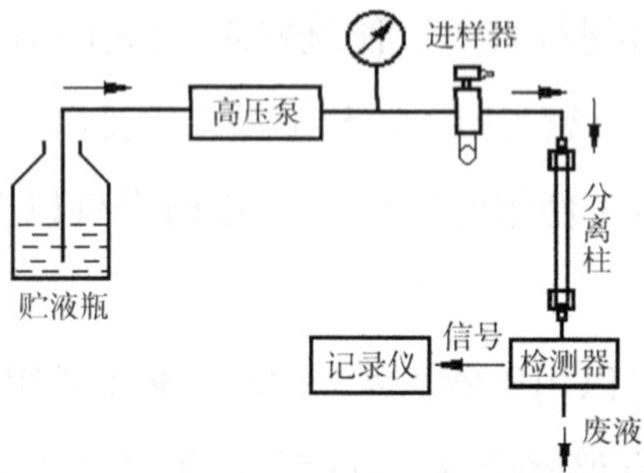

引导问题 6. 根据国家标准，结合学校实训室现有高效液相色谱仪写出高效液相色谱法测定水中苯并［*a*］芘的含量的基本操作流程。

序号	具体操作
1	
2	
3	
4	
5	
6	
7	

引导问题 7. 结合所学知识，请完成下表。

<table>
<tr><td>项目名称</td><td colspan="2">高效液相色谱仪基本操作</td><td colspan="2">项目依据或标准来源</td><td></td></tr>
<tr><td>任务名称</td><td colspan="5">高效液相色谱仪的规范操作流程</td></tr>
<tr><td colspan="6">完成情况</td></tr>
<tr><td colspan="6"></td></tr>
<tr><td>说明</td><td colspan="5"></td></tr>
<tr><td>接单时间</td><td></td><td>完成时间</td><td></td><td>接单人</td><td></td></tr>
</table>

任务实施

引导问题 1. 高效液相色谱法测定水中苯并［a］芘含量，该如何配制流动相？

引导问题 2. 高效液相色谱法测定水中苯并［a］芘含量，选择的梯度是什么？

引导问题 3. 高效液相色谱法测定水中苯并［a］芘含量的过程，选择的检测器是什么？色谱柱是什么类型的色谱柱？

评价反馈

1. 学习总结（收获、感受、注意事项）

2. 学习评价

评价指标	评价要点	等级评定	
		自评	教师评价
仪器装置	测定水中苯并［a］芘含量的仪器装置 高效液相色谱仪的组成元件及作用		
高效液相色谱仪的构造	高压输液系统、进样系统、分离系统、检测系统 高效液相色谱仪的工作原理		
高效液相色谱仪的使用	1. 开机前的准备 2. 仪器开机 3. 参数设定 4. 更换流动相并排气泡 5. 平衡系统 6. 进样		
高效液相色谱仪的维护	每次使用后冲洗管路 冲洗进样器、定量环及进样针 色谱柱长时间不用，要用有机溶剂封存 温和对待高效液相色谱仪 遵守说明书上的使用规范和清洗方法 做好实验记录		
安全	安全意识		
总成绩			

能力拓展

液相色谱常见问题解答指南

许多液相色谱实验中碰到的问题通过日常维护一般都可以避免，例如，定期清洗仪器管路和单向阀可以避免很多由于污染造成的色谱杂峰以及基线等问题。以下列出了液相色谱的常见故障以及解决的办法或建议。

1. 压力异常：压力的变化往往是故障的征兆。

（1）没有压力显示，没有流动相流动

原因	解决方法
1. 电源问题	接通电源，开机
2. 保险丝被烧坏	更换保险丝
3. 控制器设定不正确或设定失败	a. 采取恰当的设定 b. 修理或更换控制器
4. 柱塞杆折断	更换柱塞杆
5. 泵头内有空气	溶剂脱气、启动泵抽出空气
6. 流动相不足	a. 补充流动相 b. 更换入口滤头

续表

原因	解决方法
7. 单向阀损坏	更换单向阀
8. 漏液	拧紧或更换管路接头

（2）流动相流动正常，但没有压力显示

原因	解决办法
1. 仪表损坏	更换仪表
2. 压力传感器损坏	更换压力传感器

（3）压力持续偏高

原因	解决方法
1. 流速设定过高	调整流速
2. 柱前筛板堵塞	a. 在允许的情况下反冲色谱柱 b. 更换柱筛板（可能会导致柱头塌陷） c. 更换色谱柱
3. 流动相使用不当或缓冲盐结晶析出	a. 使用恰当的流动相 b. 冲洗管路和色谱柱（加柱温小流速冲洗）
4. 色谱柱规格选择不当	选择恰当的色谱柱
5. 进样阀损坏	清洗或更换进样阀
6. 柱温过低	提高柱温
7. 控制器失常	修理或更换控制器
8. 保护柱堵塞	清洗或更换保护柱
9. 在线过滤器堵塞	清洗或更换在线过滤器

（4）压力持续偏低

原因	解决方法
1. 流速设置过低	调整流速
2. 系统漏液	确定漏液的位置并维修
3. 色谱柱规格选择不当	选择恰当的色谱柱
4. 柱温过高	降低柱温
5. 控制器失常	维修或更换控制器

（5）压力不断上升：原因与解决方法见（3）

（6）压力降为零：原因与解决方法见（1）（2）

（7）压力不断下降，但不回零：原因与解决方法见（4）

（8）压力波动

原因	解决方法
1. 泵中有气体	a. 溶剂脱气 b. 从泵中除去气体
2. 单向阀损坏	更换单向阀
3. 泵密封损坏	更换泵密封
4. 脱气不充分	a. 溶剂脱气 b. 改变脱气方法（使用在线脱气）
5. 系统漏液	确定漏液位置并维修
6. 使用梯度洗脱	这种情况下压力波动是正常的

2. 漏液：通常可以通过拧紧或更换管路接头来解决漏液问题，但是值得注意的是过分拧紧接头容易导致管路和接头的磨损。如果通过稍微拧紧接头不能解决漏液的问题，就必须将接头取下，检查是否损坏，损坏的接头应及时更换。

（1）接头处漏液

原因	解决方法
1. 接头松动	拧紧
2. 接头磨损	更换
3. 接头过紧	a. 拧松，再重新拧紧 b. 更换
4. 接头被污染	a. 拆下清洗 b. 更换
5. 部件不匹配	更换合适部件

（2）泵漏液

原因	解决方法
1. 单向阀松动	a. 拧紧单向阀 b. 更换单向阀
2. 接头松动	拧紧接头
3. 混合器密封损坏	a. 更换混合器密封 b. 更换混合器
4. 泵密封损坏	维修或更换泵密封
5. 压力传感器损坏	维修或更换压力传感器
6. 脉冲阻尼器损坏	更换脉冲阻尼器
7. 比例阀损坏	a. 检查隔膜，如果漏液立即更换 b. 检查手紧接头，损坏的立即更换
8. 放空阀损坏	a. 拧紧放空阀 b. 更换放空阀

（3）进样阀漏液

原因	解决方法
1. 转子密封损坏	重新安装或更换进样阀
2. 定量环堵塞	更换定量环
3. 进样口密封松动	拧紧，调整
4. 进样针尺寸不合适	更换合适的进样针
5. 废液管中产生虹吸	保持废液管高于废液液面
6. 废液管堵塞	更换或疏通废液管

（4）色谱柱漏液

原因	解决方法
1. 接头松动	拧紧接头
2. 卡套内有填料	拆下、清洗卡套、重新安装
3. 柱管漏液	a. 拧紧 b. 联系厂家解决

（5）检测器漏液

原因	解决方法
1. 流通池垫片损坏	a. 避免过大的背压 b. 更换垫片
2. 流通池窗破碎	更换窗口
3. 手紧接头漏液	拧紧或更换
4. 废液管堵塞	更换废液管
5. 流通池堵塞	重新安装或更换

3. 谱图问题

液相色谱系统的许多问题都能在谱图上反映出来，其中有一些问题可以通过调整维修仪器设备得到解决，而其他问题则必须通过调整色谱条件或者色谱柱来解决。正确选择色谱柱和流动相是得到好的色谱图的关键。

（1）峰拖尾

原因	解决方法
1. 筛板堵塞，色谱柱污染	a. 反冲色谱柱 b. 更换进口端筛板 c. 更换色谱柱
2. 色谱柱塌陷	重新填充或者更换色谱柱
3. 干扰峰	a. 改变流动相 b. 更换色谱柱固定相或者规格

续表

原因	解决方法
4. 流动相 pH 选择错误	调整流动相 pH（离子化合物）
5. 样品与填料表面的活性点发生反应	a. 更换色谱柱 b. 加入离子对试剂或者挥发性碱性改性剂

（2）峰前延

原因	解决方法
1. 柱温低	提高柱温
2. 样品溶剂选择不恰当	使用流动相作为样品溶剂
3. 样品过载	降低样品浓度或者进样量
4. 色谱柱损坏	见 1.（1）（2）

（3）峰分叉

原因	解决方法
1. 保护柱或分析柱污染	清洗或者更换
2. 样品溶剂不溶于流动相或样品在流动相中溶解性不好	改变样品溶剂

（4）大峰变形

原因	解决方法
样品过载	减少进样量或样品浓度

（5）早出的峰变形

原因	解决方法
样品溶剂选择不对	a. 减少进样体积 b. 用流动相作为样品溶剂 c. 用更弱的溶剂做样品溶剂

（6）早出的峰拖尾程度大于晚出的峰

原因	解决方法
柱外效应	a. 调整系统连接管路（使用更短、内径更小的管路） b. 使用小体积流通池

（7）K' 增加时，拖尾更严重

原因	解决方法
1. 二级保留效应（反相）	a. 加入三乙胺（碱性样品） b. 加入乙酸（酸性样品） c. 加入盐或者缓冲溶液（离子样品） d. 更换色谱柱 e. 改变分离模式
2. 二级保留效应（正相）	a. 加入三乙胺（碱性样品） b. 加入乙酸（酸性样品） c. 更换色谱柱 d. 改变分离模式
3. 二级保留效应（离子对）	加入三乙胺（碱性盐工）

（8）酸性或碱性化合物的峰拖尾

原因	解决方法
流动相缓冲盐不合适	a. 选择合适的 pH 缓冲盐 b. 提高缓冲盐浓度 c. 更换更合适的色谱柱 d. 改变分离模式 e. 添加三乙胺之类的扫尾剂（碱性化合物）

（9）额外的峰

原因	解决方法
1. 样品中其他的组分	正常
2. 前一次进样的未洗脱出来的峰	a. 增加运行时间，增强流动相洗脱 b. 提高流速
3. 倒峰或鬼峰	a. 检查流动相是否被污染 b. 检查仪器系统管路是否被污染 c. 使用流动相作为样品溶剂 d. 减少进样体积
4. 样品问题	a. 检查样品是否被污染或变质 b. 检查样品是否降解 c. 重新配样

（10）保留时间波动

原因	解决方法
1. 柱温变化	使用柱温箱
2. 流动相变化	防止流动相挥发等
3. 色谱柱平衡不充分	重新平衡
4. 管路泵中有气泡	脱气，排气

（11）保留时间突然变化

原因	解决方法
1. 流速发生变化	a. 是否漏液 b. 泵密封，更换 c. 单向阀堵塞，超声清洗
2. 管路，泵中有气泡	脱气，排气
3. 流动相选择不合适	a. 更换流动相 b. 检查混合器比例是否准确

（12）基线漂移

原因	解决方法
1. 柱温波动	使用柱温箱，控制柱温
2. 流动相不均匀（基线向上漂移，流动相条件变化引起的基线漂移大于温度导致的漂移）	使用色谱级试剂，高纯度盐和试剂。流动相使用前脱气处理，使用在线脱气
3. 检测器内流通池被污染或者有气泡	用甲醇或其他强极性溶剂冲洗流通池。如有需要，可以用硝酸冲洗（不能使用盐酸）
4. 检测器出口堵塞，高压造成流通池窗口破裂，产生基线噪音	取出堵塞物或更换
5. 流动相匹配不当，互溶性差，或流速发生变化	更改流动相配比
6. 柱子平衡缓慢	继续平衡
7. 流动相污染．变质或品质差	更换流动相，使用色谱级试剂
8. 样品或柱子中有强保留物质被洗脱下来，出峰类似馒头峰	使用保护柱，提高流动相洗脱能力，定期用强溶剂冲洗柱子
9. 检测器（UV）没有设定在最大吸收波长处	调整至最大吸收波长
10. 检测器（UV）设置的波长在流动相溶剂紫外最大吸收截止波长附近	选择优质的试剂能改善

（13）基线噪音（规则的）

原因	解决方法
1. 在流动相、检测器或泵中有空气	流动相脱气，系统排气，采用在线脱气
2. 漏液	检查管路接头是否松动，泵是否漏液，是否有盐析出和不正常噪音。如有必要，更换泵密封
3. 流动相混合不完全	手动混合流动相，或更换其他流动相
4. 柱温过高	减少柱温和检测器之间温度差异
5. 在同一条线上有其他电子设备	断开仪器，检查是否有外部干扰
6. 泵脉冲	在系统中加入脉冲阻尼器

（14）基线噪音（不规则的）

原因	解决办法
1. 漏液	同（13）2.
2. 流动相污染、变质或品质差	更换流动相，使用色谱级试剂
3. 流动相各溶剂不互溶	调整流动相，使用互溶的溶剂
4. 检测器、记录仪电子元件问题	检查，更换
5. 系统内有气泡	流动相脱气，系统排气，采用在线脱气
6. 检测器内有气泡	冲洗检测器，在检测器后安装背压调节器
7. 流通池污染	用硝酸冲洗（不能使用盐酸）
8. 检测器灯能量不足	更换
9. 色谱柱填料流失或堵塞	更换色谱柱
10. 流动相混合不均匀或混合器故障	维修或更换混合器

（15）宽峰

原因	解决方法
1. 流动相组成变化	重新配置流动相
2. 流动相流速太低	调节流速
3. 漏液	检查漏液位置，修复
4. 检测器设置不准确	调整检测器的设置
5. 柱外效应 a. 柱子过载 b. 检测器响应时间过长或流通池体积过大 c. 仪器管路死体积过大 d. 记录仪响应时间太长	a. 减少进样体积或稀释样品 b. 减少检测器响应时间，使用更小的流通池 c. 使用小内径的短管路 d. 减少响应时间
6. 缓冲盐浓度太低	增加缓冲盐浓度
7. 保护柱污染	更换保护柱
8. 色谱柱污染或失效，柱效降低	冲洗或更换色谱柱
9. 柱头塌陷	填补修复或更换色谱柱
10. 未分离的峰	调整流动相，或者更换其他色谱柱
11. 柱温过低	提高柱温
12. 检测器时间常数太大	调整检测器时间常数

（16）分离度降低

原因	解决方法
1. 流动相被污染或变质	重新配置流动相
2. 保护柱或分析柱污染	清洗或更换
3. 色谱柱柱效降低	清洗或更换
4. 流动相比例发生变化	检查仪器混合器和比例阀是否出了问题

（17）所有峰面积都太小

原因	解决方法
1. 检测器衰减设定过高	减少衰减的设定
2. 检测器时间常数设定太大	设定较小的时间常数
3. 进样量太少	a. 增加样品浓度 b. 增加进样体积
4. 记录仪连接不当	使用正确的链接
5. 检测器设置不当，如紫外检测器检测波长设置不在最大吸收波长处	检查检测器的设置，及时调整

（18）所有峰面积都太大

原因	解决方法
1. 检测器衰减设定过低	2. 适当增加衰减设定
2. 进样过多	2.a. 降低样品浓度 b. 减少进样体积
3. 记录仪连接不正确	3. 正确连接记录仪

4. 日常故障及日常维护

下面列出了液相色谱中各个部件容易出现的一些问题，并给出了日常维护的建议。

（1）溶剂瓶

问题	解决方法
1. 入口溶剂过滤器堵塞	a. 更换（建议 3~6 个月更换一次） b. 过滤流动相，用 0.45 μm 的滤膜，流动相每天更换
2. 气泡	流动相脱气

（2）泵

问题	解决方法
1. 气泡	流动相脱气，使用在线脱气
2. 泵密封损坏	更换（建议 3 个月更换一次）
3. 单向阀损坏	流动相充分过滤，使用在线过滤器，做好样品预处理，准备备用单向阀随时可更换

（3）进样阀

问题	解决方法
转子密封损坏	a. 不要拧得过紧 b. 做好样品预处理，且样品过滤

（4）色谱柱

问题	解决方法
1. 筛板堵塞	a. 过滤流动相 b. 做好样品预处理 c. 使用在线过滤器或保护柱
2. 柱头塌陷	a. 避免使用不当溶剂作为流动相 b. 避免使用极端 pH 条件 c. 使用保护柱
3. 色谱柱污染，堵塞	a. 做好样品预处理 b. 实验完毕后及时清洗色谱柱 c. 使用保护柱 d. 流动相溶剂互溶，缓冲盐不析出

（5）检测器（紫外检测器）

问题	解决办法
1. 灯能量不够，检测器响应降低，噪音增大	更换灯（一般 6 个月更换一次）
2. 流通池有气泡	a. 保持流通池清洁 b. 流通池后安装反压抑制器 c. 流动相脱气，使用在线脱气机

（6）其他

问题	解决方法
腐蚀、摩擦损坏	实验完毕后及时清洗仪器管路和系统，确保缓冲盐冲洗干净，避免使用不当溶剂作为流动相，如强腐蚀性的溶剂

发展理念是发展行动的先导。党的十八届五中全会鲜明地提出了创新、协调、绿色、开放、共享的发展理念，符合我国国情，顺应时代要求，对破解发展难题、增强发展动力、厚植发展优势具有重大指导意义。

任务三　色谱分离条件的选择与优化

任务描述

根据学习任务，测定水中苯并［a］芘含量，查阅 GB/T 11895—1989《水质　苯并［a］芘的测定　乙酰化滤纸层折荧光分光光度法》，确定使用仪器为高效液相色谱，学习掌握高效液相色谱法测定水中苯并［a］芘含量的色谱分离条件的选择与优化，提高实验操作能力和实验安全意识。

学习目标

1. 知识目标

（1）掌握色谱柱理论塔板数的计算方法；

（2）掌握分离度的计算方法；

（3）了解考察色谱柱的基本特性的方法和指标。

2. 能力目标

（1）能归纳分离条件的选择原则与优化方法，能将其运用于实际问题的解决；

（2）能完成色谱柱的评价。

3. 素养目标

（1）培养独立思考、团结协作的能力；

（2）培养严谨细致、精益求精的习惯；

（3）培养高度的责任心和质量第一的理念。

获取信息

在这个科技飞速发展的时代，仪器设备也越来越精密。液相色谱仪根据固定相是液体或是固体，又分为液-液色谱（LLC）及液-固色谱（LSC）。现代液相色谱仪由高压输液泵、进样系统、温度控制系统、色谱柱、检测器、信号记录系统等部分组成。与经典液相柱色谱装置相比，具有高效、快速、灵敏等特点。下面是液相色谱仪常见的影响因素及解决方法。

气泡：由于 HPLC 系统中气泡的存在，会造成色谱图上出现尖锐的噪声峰，严重时会造成分析灵敏度下降；气泡变大进入流路或色谱柱时会使流动相的流速变慢或不稳定，使基线起伏。造成上述现象的主要原因有三条：一是流动相溶液中往往因溶解有氧气或混入了空气而形成气泡；二是系统开始工作时未能将流路中的空气驱赶干净；三是在注入样品时不注意混入了空气。

为了避免这类问题的出现，HPLC 实际分析过程中必须重视对流动相进行脱气处理；在 HPLC 系统开始工作前，可以用注射器连接恒流泵的排空阀，抽入流动相，将流路中的空气驱赶干净；在注入样品前注意排出样品注射器中的空气。

柱温：在操作 HPLC 时，色谱柱是在室温环境下工作的。大多数的工作环境温度是不断变化的，温度的差别就会引起较复杂的问题。温度的影响在所有的色谱分析方式中都是存在的，HPLC 方法中的洗脱方式受温度的影响。

等度洗脱时温度会影响保留时间，当温度升高时所有的色谱峰都前移了，等度洗脱时一般温度每升高 1 ℃，保留时间会缩短 1%~3%。温度变化对梯度洗脱和等度洗脱的影响趋势是一样的。温度变化对梯度洗脱的影响要小于对等度洗脱的影响。即便如此，若梯度洗脱时不控制温度的话，保留值一般也会有较大的变化。温度变化还可能引起选择性显著变化。

正如柱子不能完全平衡将导致保留时间的重现性差一样，柱温不平衡也会导致不理想的后果，这个问题在峰宽上的影响尤其明显。当温度变化时除了选择性和保留时间的变化之外，峰宽也会发生变化。升高温度通常会使理论塔板数升高，峰宽变窄，由于峰面积不变，峰宽越窄就会越高，因此升高温度可以达到更小的检测限。

柱子里的温度变化也会影响峰形。当流动相和柱子之间的温差增大时，由温度不平衡而导致的峰变形就会加剧。

为了获得一致的结果我们必须要控制柱温，使用柱温箱是最好的办法。如果没有柱温箱，最有效的办法就是将色谱柱隔绝在一个温度波动最小的地方。

色谱柱平衡：如果我们观察到保留时间漂移，首先应考虑色谱柱是否已用流动相完全平衡。通常平衡需要 10~20 个柱体积的流动相。但如果在流动相中加入少量添加剂则需要相当长的时间来平衡色谱柱。需要柱子的充分平衡，然后才能对 HPLC 进行检定。

流动相有机溶剂：HPLC 分析总要求使用 HPLC 纯的试剂，关键是两点：纯度高、紫外吸收小。纯度高，是希望没有杂质干扰 HPLC 分析，不会有金属离子损害纯度为 99.99% 以上的高纯度硅胶基质。可以通过重蒸分析纯溶剂，或滤膜过滤，并定期把前置的过滤头取下，放稀硝酸里清洗，再用纯水洗至中性。流动相有机溶剂可能影响 HPLC 的检测限。

柱压：柱压过高是 HPLC 分析中常碰到的问题。其原因有多方面，而且常常并不是柱子本身的问题。溶剂或样品含有颗粒杂质，这些杂质将筛板堵塞引起压力上升，应更换柱子入口筛板；泵内有空气，解决的办法是清除泵内空气，对溶剂进行脱气处理；比例阀失效，应更换比例阀；泵密封垫损坏，应更换密封垫；系统检漏，则找出漏点，密封即可。

HPLC 分析中，在色谱柱正常，样品灵敏度足够，分析方法合适，色谱峰在出峰时间较短的条件下，峰形应对称而尖锐。充分考虑到可能影响分析结果的因素，可以科学地进行液相色谱仪的检定。

任务解析

高效液相色谱法测定水中苯并［a］芘含量时，如何选择一个最佳的色谱分离条件，既能达到良好的分离度，又能在短时间内完成分析任务。

1. 色谱柱的评价方法

一支色谱柱的好坏必须用一定的指标进行评价。无论是自己装填的还是购买的色谱柱，使用前都要对其性能进行考查，使用期间或放置一段时间后也要重新检查。柱性能指标包括在一定实验条件（样品、流动相、流速、温度）下的柱压、理论塔板高度和塔板数、对称因子、容量因子和选择性因子的重复性，或分离度。一般来说，容量因子和选择性因子的重复性在 ±5% 或 ±10% 以内。进行柱效比较时，还要注意柱外效应是否有变化。

一个合格的色谱柱评价报告应给出色谱柱的基本参数，如色谱柱长度、内径、填充载体的种类、粒度、色谱柱的柱效、不对称度和柱压降等。评价液相色谱柱的仪器系统有相当高的要求，一是液相色谱仪器系统的死体积应该尽可能小，这包括进样阀、连接管和检测器的池体积等因素；二是采用的样品及操作条件应当合理，在此合理的条件下，评价色谱柱的样品可以完全分离并有适当的保留时间。以下是对各种常用的色谱柱样品及其操作条件的评价。

（1）烷基键合相色谱柱（C8、C8）：这是目前应用最广泛的色谱柱。

操作条件

流动相：甲醇 / 水（83/17）。

线速：1 mm · s^{-1}，对柱内径为 5.0 mm 的色谱柱，流量大约为 1 mL · min^{-1}。

检测器：紫外检测波长 254 nm。

进样量：10 μg。

样品：苯、萘、联苯、菲。

（2）苯基键合相色谱柱：除流动相浓度与烷基键合相色谱柱不同外，其余均相同。

流动相：甲醇 / 水（57/43）。

（3）氰基键合相色谱柱：

操作条件

流动相：正庚烷 / 异丙醇（93/7）。

线速：1 mm · s^{-1}。

检测器：紫外检测波长 254 nm。

进样量：10 μg。

样品：三苯甲醇、苯乙醇、苯甲醇。

（4）氨基键合相色谱柱。

①—NH_2 作为极性固定相

操作条件

流动相：正庚烷 / 异丙醇（93/7）。

流速：lmm · s^{-1}。

检测器：紫外检测波长 254 nm。

进样量：10 μg。

样品：苯、萘、联苯、菲。

②—NH_2 作为弱阴离子交换剂

操作条件

流动相：水 / 乙腈酯（98.5/1.5）。

流速：l mm · s^{-1}。

检测器：示差折光检测器。

进样量：10 μg。

样品：核糖、鼠李糖、木糖、果糖、葡萄糖。

（5）—SO_3H 键合相色谱柱：—SO_3H 是强阳离子交换剂。

操作条件

流动相：0.05 mol · L^{-1} 甲酸铵 / 乙醇（90/10）。

流速：1 mm · s^{-1}。

检测器：紫外检测波长 254 nm。

进样量：10 μg。

样品：阿司匹林、咖啡因、非那西汀。

（6）—R_4NCl 键合相色谱柱：—R_4NCl 是强阴离子交换剂。

操作条件

流动相：0.1 mol · L^{-1} 硼酸盐溶液（加 KCl）（pH9.2）。

线速：1 mm · s^{-1}。

检测器：紫外检测波长 254 nm。

进样量：10 μg。

样品：尿苷、胞苷、脱氧胸腺苷、腺苷、脱氧腺苷。

（7）硅胶柱

操作条件

流动相：正己烷。

流速：1 mm · s^{-1}，对于柱内径为 5.0 mm 的色谱柱，大约为 1 mL · min^{-1}。

检测器：紫外检测波长 254 nm。

进样量：10 μg。

样品：苯、萘、联苯、菲。

2. 影响色谱峰扩展及色谱分离的因素

HPLC 法的基本概念和基本理论，如保留值、分配系数、分配比、分离度、塔板理论、速率理论等是与气相色谱法基本一致的，区别在于流动相的不同。液体的扩散系数仅有气体的万分之一到十万分之一，而液体的黏度比气体大 100 倍，密度则约大 1 000 倍。而流动相这些性质上的差别必然影响到色谱过程。

（1）涡流扩散项 H_1：

$$H_1=2\lambda d\mathrm{p}$$

式中，各项含义同气相色谱法。

（2）纵向扩散项 H_2：当试样分子随流动相从色谱柱经过时，由分子本身运动引起的纵向扩散同样会导致色谱蜂的扩展。纵向扩散项 H_2 与分子在流动相中的扩散系数 D_m 成正比，而与流动相的线速度 u 成反比。

$$H_2 =C_dD_m/u$$

式中，C_d 为常数。由于分子在液体中的扩散系数比在气体中要小 4~5 个数量级，因此在液相中，当流动相的线速度大于 5 cm · s^{-1} 时，H_2 对色谱峰扩展的影响实际上可忽略；而在气相色谱中不能忽略。

（3）传质阻力项 H_3：在液相色谱法中，这一项又可进一步分为两项，即固定相传质阻力项 H_s 和流动相传质阻力项 H_m。

①固定相传质阻力项 H_s：主要发生在液-液分配色谱中。试样分子自流动相进入固定液内进行质量交换的传质过程取决于固定液的液膜厚度 d，以及试样分子在固定液内的扩散系数 D_s。

$$H_s=（C_sd_f^2）/D_s \cdot u$$

式中，C_s 是与容量因子 k 有关的系数。由上式可见，它与气相色谱法中液相传质阻力项的含义是一样的。因此，对于由固定相的传质引起的峰扩展，主要应从改善传质、加快溶质分子在固定相上的解吸过程着手加以解决。对于液-液分配色谱，应设法使用薄的固定相液膜；对吸附色谱、排阻色谱以及离子交换色谱，应尽量使用小颗粒固定相。也可通过使用大扩散系数的固定液、减小流动相的流速以达到改善传质的目的。

②流动相传质阻力项 H_m：试样分子在流动相中的传质过程有两种形式，即在流动的流动相中的传质以及在滞留的流动相中的传质。

a. 在流动的流动相中的传质阻力项 H_m，当流动相流过色谱柱内的填充物时，靠近填充物颗粒的流动相流动稍微慢一些，即在柱内流动相的流速并非是均匀的、靠近固定相表面的试样分子相对于中间的走的距离要短一些。

$$H_m=(C_m d_f^2)/D_m \cdot u$$

式中，C_m 为常数，是容量因子 k 的函数，其值与柱内径、柱形状以及填料填充规则与否有关，填料填充得越规则、紧密，越有利于降低 C_m。

b. 在滞留的流动相中的传质阻力项 H_{sm}，由于固定相的多孔性，造成部分流动相溶剂滞留其中且停止不动。流动相中的组分分子欲到达孔穴内固定相表面进行质量交换，需首先经过滞留区中滞留的流动相。若孔穴既小又深，则这部分的传质速率必然很慢，结果会加剧蜂的扩展。

综上所述，提高液相色谱的分离效率，应通过减小柱填料的粒度、改善填充均匀性来实现。薄亮型载体（即在 0~40 μm 直径的实心核上，覆盖一层 1~2 μm 厚的多孔硅胶）具有相对较大的孔径和小的孔道，因此，传质效率可以大大复高。而大小均一的球形又进一步为柱内填充的均匀性提供了保证。在液相色谱分析中，影响杆效 H 的各种因素也是相互联系和相互制约的。比如，选用低黏度的流动相，或适当提高柱温来降低流动相黏度，有利于传质，但提高柱温会降低分辨率；降低流动相流速对减小传质阻力项的影响显然是有利的，但同时又会增加纵向扩散项，以致分析周期延长。

对于高效液相色谱法来讲，除上述一些影响色谱峰扩展的因素以外，还有柱外展宽（超柱效应）等其他一些影响因素。

进行决策

引导问题 1. 高效液相色谱法测定物质含量时，应该如何选择最佳的色谱条件？

引导问题 2. 分离度是不是越高越好？为什么？

引导问题 3. 影响分离度的因素有哪些？提高分离度的途径是什么？

引导问题 4. 查阅相关资料，明晰表中检测条件的选择。

检测条件	选择
色谱柱	
固定相	
流动相	
流速	
检测器	
灵敏度	
进样量	

引导问题 5. 归纳总结，整理出高效液相色谱法最佳色谱条件的选择。

（1）基本色谱条件：流动相、检测波长

（2）流动相组成的选择

（3）梯度洗脱方式选择

（4）流动相流速的选择

引导问题 6. 根据国家标准，请在表中填写用高效液相色谱法测定水中苯并［*a*］芘含量时色谱条件的优化选择。

序号	色谱分离条件的优化选择
1	
2	
3	
4	
5	
6	
7	

任务实施

引导问题 1. 高效液相色谱法测定水中苯并［*a*］芘含量，选择的检测器是什么类型的？

引导问题 2. 高效液相色谱法测定水中苯并［*a*］芘含量，选择的流动相及其比例是什么？流速是多少？

引导问题 3. 高效液相色谱法测定水中苯并［a］芘含量的过程，梯度洗脱方式是什么？

引导问题 4. 查阅 GB/T 11895—1989《水质　苯并［a］芘的测定　乙酰化滤纸层折荧光分光光度法》，完成下表。

项目名称	高效液相色谱法测定水中苯并［a］芘含量		项目依据或标准来源		
任务名称	色谱分离条件的选择与优化				
完成情况					
说明					
接单时间		完成时间		接单人	

评价反馈

1. 学习总结（收获、感受、注意事项）

2. 学习评价

评价指标	评价要点	等级评定	
		自评	教师评价
准备工作	准备流动相 过滤流动相 色谱柱 检查检测器 准备试剂、药品 所有流动相及药品溶液过滤、超声 检查仪器各部件的电源线、数据线和输液管道链接		
选择色谱柱，设置柱温箱温度	选择合适的色谱柱，并正确安装，根据样品分离情况，设置柱温箱温度		
流动相及梯度比例	选择合适的有机相和水相，调节好流动相的梯度比例		
检测器及参数设置	选择合适的检测器，并设置检测波长、流速等相关参数		

续表

评价指标	评价要点	等级评定	
		自评	教师评价
走基线	清洗管路 设置好波长、流速、流动相及比例、梯度设定		
安全	安全意识		
总成绩			

能力拓展

1. 高效液相色谱中怎样改善条件达到分离度要求

（1）选择合适的流动相。使其流经色谱柱时，受到的阻力减小，从而能迅速通过色谱柱，且必须对载液加高压。

（2）高效液相色谱分离比工业分馏和气相色谱的分离效率高许多倍，选择一个合适的固定相和流动相，以达到最佳分离。

（3）定时进行柱子清洗。高效液相色谱的柱子可反复研究使用：用一根柱子可分离得到不同目标化合物。但定期清洗柱子以分离它们。

（4）色谱柱。色谱柱使用时间长了柱效会降低，会影响到分离度，改善方法是更换新的色谱柱，如果已经是新的色谱柱了，分离度还不好，可以采用更长一些的色谱柱，也会增加分离度。

（5）流动组的调节。通过调节流动相的各组分比例，使流动相的极性变化，分离效率也会不一样，这要针对被检测物质的成分的具体情况进行分析而确定。

（6）改变柱温。相同条件下升高柱温，会增大色谱柱的分离能力而提高分离度。

2. 高效液相色谱法测定粮食中苯并［*a*］芘含量的色谱分离条件的选择与优化，记录数据并绘制表格。

培养辩证思考问题分析问题的能力；增强职业责任感，培养坚持本心、追求真理的职业品格和行为习惯。

任务四　高效液相色谱法测定水中苯并［a］芘含量的标准曲线绘制

任务描述

在日常饮用水中，苯并［a］芘是一种公认的强致癌物质。人体和动物摄入该物质后，可诱发皮肤、肺和消化道癌症，对健康造成很大威胁。为了检测水中的苯并［a］芘含量，本次任务将通过高效液相色谱法测定水中的苯并［a］芘含量，并绘制苯并［a］芘的标准曲线。在本实验中，学生需要学会如何准确地配置样品溶液并操作仪器，然后通过实验数据建立苯并［a］芘的标准曲线，最终达到测定水中苯并［a］芘含量的目的。通过此任务，旨在提高学生的实验操作技能和数据分析能力。

学习目标

1. 知识目标

（1）熟悉高效液相色谱法的定性与定量方法；

（2）熟练掌握苯并［a］芘含量的标准曲线绘制方法。

2. 能力目标

（1）会熟练进行样品液的制备，流动相配制、过滤、脱气、更换，色谱柱安装；

（2）会操作高效液相色谱仪进行标准品分析、数据处理；

（3）会利用外标法进行定量分析。

3. 素养目标

（1）确立合理安排布置实验室的意识，树立自我约束的能力，并形成良好的实验工作素养；

（2）通过对实训过程的自我严格控制等操作，树立全面质量管理意识。

获取信息

针对液相色谱图的分析主要包括色谱峰的识别、定量和结果计算。

1. 峰识别与定量

在 HPLC 图谱中，每个化合物的峰代表其在不同保留时间下的信号强度。峰识别是确定哪些峰代表目标化合物的过程。可以通过以下方法进行。

（1）保留时间比较：与已知标准物质或参考品的保留时间进行比较，如果目标化合物的保留时间与标准物质一致，则可以确认峰代表目标化合物。

（2）峰形分析：通过观察峰的对称性、峰形和峰宽来确定目标化合物的峰。

（3）确认峰的特征：利用多重检测器（如紫外检测器和荧光检测器）进行多通道检测，可以进一步确定峰的特征。定量分析是确定目标化合物在样品中的浓度的过程。通常使用标准曲线法进行定量，即通过一系列已知浓度的标准物质构建标准曲线，并根据目标化合物峰面积与标准曲线之间的关系计算样品中目标化合物的浓度。

2. 结果计算与报告

根据分析的结果，可以解释样品中化合物的含量、纯度、杂质等信息。如果目标是定量分析，可以报告样品中目标化合物的浓度。同时，还应考虑样品前处理步骤、仪器的校准和灵敏度范围等因素，以确保结果的准确性和可靠性。

任务解析

1. 定量校正因子

（1）绝对校正因子

定量分析是基于峰面积与组分的量成正比关系。但同一检测器对不同的物质有不同的响应值，两种物质即使含量相同，得到的色谱峰面积却不同，所以不能用峰面积来直接计算组分的含量，为使峰面积能够准确地反映组分的量，在定量分析时需要对峰面积进行校正，因此引入定量校正因子，在计算时乘上定量校正因子，使组分的面积转换成相应组分的量。即

$$m_i=f_i'A_i$$

式中，f_i'为将峰面积换算为组分的量的换算系数，即绝对校正因子，它可表示为

$$f_i' = m_i/A_i$$

绝对校正因子是指某组分 i 通过检测器的量与检测器对该组分的响应信号之比，亦即单位峰面积所代表的物质的量。m_i 的单位用克、摩尔或体积表示时相应的校正因子，分别称为质量校正因子（f_m），摩尔校正因子（f_M）和体积校正因子（f_V）。

很明显，在定量测定时，由于精确测定绝对进样量比较困难，因此要精确求出 f_i' 值往往是比较困难的，故其应用受到限制。在实际定量分析中，一般常采用相对校正因子 f_i。

（2）相对校正因子

相对校正因子是指组分 i 与基准组分 s 的绝对校正因子之比，即

$$f_i = \frac{f_i'}{f_s'} = \frac{A_s m_i}{A_i m_s}$$

式中，f_i 为组分 i 的相对校正因子，f_s' 为基准组分 s 的绝对校正因子。由于绝对校正因子很少使用，因此，一般文献上提到的校正因子，就是相对校正因子。相对校正因子只与检测器类型有关，而与色谱操作条件、柱温、载气流速和固定液的性质等无关。表 5–4 列出了一些化合物的相对校正因子。

表 5-4　一些化合物的相对校正因子

化合物	沸点 /℃	相对分子质量	热导池检测器		氢焰检测器
			f_M	f_V	f_m
甲烷	-160	16	2.80	0.45	1.03
乙烷	-89	30	1.96	0.59	1.03
丙烷	-42	44	1.55	0.68	1.02
丁烷	-0.5	58	1.18	0.68	0.91
乙烯	-104	28	2.08	0.59	0.98
丙烯	-48	42	1.55	0.63	

色谱法一般采用外标法、内标法和归一化法进行定量分析。

2. 外标法

外标法是所有定量分析中最通用的一种方法，也叫标准曲线法。

测定方法：把待测组分的纯物质配成不同浓度的标准系列，在一定操作条件下分别向色谱柱中注入相同体积的标准样品，测得各峰的峰面积或峰高，绘制 $A-c$ 或 $h-c$ 的标准曲线。

在完全相同的条件下注入相同体积的待测样品，根据所得的峰面积或峰高从曲线上查得含量。

在已知组分标准曲线呈线性的情况下，可不必绘制标准曲线，而用单点校正法测定。即配制一个与被测组分含量相近的标准物，在同一条件下先后对被测组分和标准物进行测定，被测组分的质量分数为

$$\omega_i=A_i/A_s\cdot\omega_s$$

式中，A_i 和 A_s 分别为被测组分和标准物的峰面积；ω_s 为标准物的质量分数。也可以用峰高代替峰面积进行计算。

外标法的优点是操作简便，不需要校正因子，但进样量要求十分准确，操作条件也需严格控制，适于日常控制分析和大量同类样品分析。其结果的准确度取决于进样量的重现性和操作条件的稳定性。

3. 内标法

当只需测定样品中某几个组分，或样品中所有组分不可能全部出峰时，可采用内标法。具体做法：准确称取样品，加入一定量某种纯物质作为内标物，然后进行色谱分析，再由被测物和内标物在色谱图上相应的峰面积和相对校正因子，求出某组分的含量。根据内标法的校正原理，可写出下式：

$$\frac{A_i}{A_s}=\frac{f_s}{f_i}\cdot\frac{m_i}{m_s}$$

则

$$m_i = \frac{A_i f_i}{A_s f_s} m_s$$

所以

$$w_i = \frac{m_i}{m_s} \times 100\% = \frac{A_i f_i}{A_s f_s} \cdot \frac{m_s}{m} \times 100\%$$

式中，m_s、m 分别为内标物质量和样品质量，A_i、A_s 分别为被测组分和内标物的峰面积；f_i、f_s 分别为被测组分和内标物的相对质量校正因子。

在实际工作中，一般以内标物作为基准物质，即 $f_s=1$，此时含量计算式可简化为

$$w_i = \frac{A_i}{A_s} \cdot \frac{m_s}{m} \times 100\%$$

内标法中内标物的选择至关重要，需要满足以下条件：

第一，应是样品中不存在的稳定易得的纯物质；

第二，内标峰应在各待测组分之间或与之相近；

第三，能与样品互溶但无化学反应；

第四，内标物浓度应恰当，其峰面积与待测组分相差不大。

4. 归一化法

归一化法也是色谱法中常用的定量方法。它是将样品中所有组分的含量之和按 100% 计算，以它们相应的色谱峰面积或峰高为定量参数，通过下列公式计算各组分的质量分数：

$$w_i = \frac{A_i f_{is}}{A_i f'_{is}} \times 100\%$$

对于较狭窄的色谱峰或峰宽基本相同的色谱峰，可用峰高代替面积进行归一化定量。这种方法简便易行，但此时 f_i 应是峰高校正因子。

可见，只有当样品中所有组分经过色谱分离后均能产生可以测量的色谱峰时才能采用归一化法定量。归一化法简单准确，不必称量和准确进样，操作条件如进样量、载气流速对测定结果影响较小，该方法不适用于痕量分析。

以上就是高效液相色谱法测定水中苯并［a］芘含量的定量分析方法。

进行决策

引导问题 1. 苯并［a］芘含量采用外标法分析的原理和具体方法是什么？

引导问题 2. 高效液相色谱法的定量方法有哪些，它们的优缺点分别是什么？

引导问题 3. 我们该怎样提高标准工作曲线的线性相关系数？

引导问题 4. 根据所学知识，查阅资料，讨论并汇总资料，确定分析方案。

实训前准备	
标准物质称量	
标准系列溶液配制	
标准品测定	
标准工作曲线	

引导问题 5. 根据所查资料，选择合适的方法配制标准系列溶液。

引导问题 6. 根据国家标准，请在表中填写苯并［a］芘标准工作曲线的测定数据。

序号	标准溶液浓度	峰面积 / 峰高
1		
2		
3		
4		
5		
6		
7		

任务实施

引导问题 1. 高效液相色谱法测定水中苯并［a］芘含量的标准曲线测定中，标准系列溶液配制过程中需要注意哪些事项？

引导问题 2. 标准系列溶液的浓度范围如何确定？

引导问题 3. 如何提高苯并［a］芘标准工作曲线的线性拟合程度？

引导问题 4. 根据校准曲线法的操作步骤填写下表。

<table>
<tr><td>项目名称</td><td colspan="2">高效液相色谱法测定水中苯并［a］芘的含量</td><td colspan="2">项目依据或标准来源</td><td></td></tr>
<tr><td>任务名称</td><td colspan="5">高效液相色谱法测定水中苯并［a］芘含量的标准曲线测定</td></tr>
<tr><td colspan="6">完成情况</td></tr>
<tr><td colspan="6"></td></tr>
<tr><td colspan="2">说明</td><td colspan="4"></td></tr>
<tr><td>接单时间</td><td></td><td>完成时间</td><td></td><td>接单人</td><td></td></tr>
</table>

评价反馈

1. 学习总结（收获、感受、注意事项）

2. 学习评价

<table>
<tr><td rowspan="2">评价指标</td><td rowspan="2">评价要点</td><td colspan="2">等级评定</td></tr>
<tr><td>自评</td><td>教师评价</td></tr>
<tr><td>准备工作</td><td>准备流动相
过滤流动相
色谱柱
检查检测器
准备试剂、药品
所有流动相及药品溶液过滤、超声
检查仪器各部件的电源线、数据线和输液管道链接</td><td></td><td></td></tr>
<tr><td>标准溶液配制</td><td>准备不同浓度的苯并［a］芘标准溶液
严格按照操作规程配制</td><td></td><td></td></tr>
<tr><td>选择色谱柱，设置柱温箱温度</td><td>选择合适的色谱柱，并正确安装，根据样品分离情况，设置柱温箱温度</td><td></td><td></td></tr>
<tr><td>流动相及梯度比例</td><td>选择合适的有机相和水相，调节好流动相的梯度比例</td><td></td><td></td></tr>
<tr><td>检测器及参数设置</td><td>选择合适的检测器，并设置检测波长、流速等相关参数</td><td></td><td></td></tr>
<tr><td>走基线</td><td>清洗管路
设置好波长、流速、流动相及比例、梯度设定</td><td></td><td></td></tr>
</table>

续表

评价指标	评价要点	等级评定	
		自评	教师评价
绘制校准曲线	苯并［a］芘浓度作为横坐标 峰面积作为纵坐标 绘制标准曲线		
清洗管路及进样口	使用冲洗剂清洗管路及进样口 按照说明书的要求存储		
“8S”管理在任务实施过程中的应用	能运用所学的“8S”管理知识，维护和保养高效液相色谱仪；完成液相色谱实训室整理、整顿与清扫工作		
总成绩			

能力拓展

我国标准试剂的发展

标准物质是具有准确量值的测量标准，是依法管理的一种计量器具。作为现代计量学研究中的一个重要分支，也是量值传递与溯源的一种重要手段。标准物质广泛地用于需要对物质的成分或特性进行测量的一切工作中，或校准仪器、评价测量方法，其目的在于保证测量过程和测量结果的准确一致。无论是冶金、化工等基础工业领域，还是新材料、新能源等高新技术领域以及环境保护、医疗卫生、贸易结算等国民经济的重要领域都需要相应的标准物质来保证测量数据的准确可靠。对于标准物质的研究与应用，已日益受到世界各国专家、计量机构以及有关国际学术组织的重视。一致认为，标准物质的研究与应用的国际合作，其深远的意义如同1875年为统一计量单位，世界各国签订“米制公约”一样重要。为此，近20年来，生物、临床、医学分析、环境监测和高新技术产业化所需的标准物质有了很大的发展，各国际组织如国际标准化组织、国际法制计量组织、国际理论与应用化学会、世界卫生组织等都在组织或推动标准物质的研制与应用，而且取得了很大成效。

我国标准物质研究历史虽短，但发展很快。自1951年，全国钢铁检验委员会首先颁布的钢铁现场分析的“弹簧钢”标准物质以来，经过近50年的研究与发展，至今拥有了钢铁、建材、化工等十三类标准物质。截止到2003年底，经国家质量监督检验检疫总局已批准的国家一级标准物质有1163种，二级标准物质有1583种。这些标准物质在国民经济各个领域的产品质量保证、科学研究、技术监督中都发挥了良好的作用，并部分出口到世界各地，获得了较好信誉，扩大了我国的国际影响。

随着标准物质的发展，国际间标准物质的合作日益活跃，许多国家设立了标准物质的研究与管理机构，许多国际组织也在标准物质的统一、协调研究、应用方面发挥着重要作用。国家标准物质研究中心和法国、美国、英国、德国、日本、俄罗斯协作组建了国际标准物质信息理事会，建立了信息库（COMAR），该信息库拥有 10 766 多种标准物质信息，向国内外提供信息服务。

标准物质不仅为我国生产、贸易、资源开发、环境保护、医疗卫生、科学技术发展作出了很大贡献，而且也在 20 多个国家 30 多个组织中得到了广泛应用，受到发达国家和国际组织的关注。如国际标准物质委员会认为我国标准物质的发展已进入世界先进行列。

我国标准物质的发展虽然得到了较大成绩，但与科技的迅猛发展及国际发达国家相比，仍有较大差距。具体表现在以下几方面。

1. 在标准物质研制方面，各类标准物质发展不平衡。尤其是生物工程、食品成分、临床化学以及新材料、新能源等高新技术领域标准物质有待进一步发展。

2. 在标准物质管理方面存大某些不协调。

3. 在标准物质应用方面，仍有使用没有经过认证，无制造计量器具许可证、无标准物质证书的标准物质的现象，因此加强标准物质法制管理的力度也是亟待解决的问题。

通过合作和探究式学习，培养自主学习和终生学习的意识及不断学习和适应发展的能力，锻炼学生比较、分析和评价的能力。坚持公平公正的意识，培养协作意识和团队精神。

任务五　未知水样中苯并［a］芘含量的测定

任务描述

本任务要求完成对未知水样中苯并［a］芘含量的测定，根据实验结果对水样的水质安全性进行分析和判断，掌握苯并［a］芘浓度检测方法，培养学生独立思考及解决问题的能力。

学习目标

1. 知识目标

（1）掌握高效液相色谱法测试未知水样预处理的一般方法；

（2）掌握苯并［a］芘含量检测方法的选择原则。

2. 能力目标

（1）根据所选择的测试方法对未知水样进行正确的预处理；

（2）能够正确处理复杂样品在测定过程中出现的相互干扰等问题，并能适当调整相应仪器的操作条件。

3. 素养目标

（1）确立安全、节约、环保意识；

（2）树立全面质量管理意识；

（3）能通过各种媒体与途径查阅指定资料，并能进行恰当整理。

获取信息

1. 高效液相色谱的工作流程

（1）基于样品信息和实验目的，选择合适的色谱柱种类（亲水柱和疏水柱）和规格（长柱和短柱，大粒径和小粒径）。

（2）配流动相，超声去除气泡；如果进液质，建议用滤膜过滤一下。

（3）放样（注意样品浓度，别超载了）、装色谱柱、放好流动相（注意水相和有机相别弄反）、开机。

（4）清除，去除气泡，如果手动清除，记得别进色谱柱，清除完再转换通道，自动清除请忽略。

（5）平衡色谱柱，这一步千万别嫌麻烦，让基线平稳再进样。建议平衡之前先用高有机相冲一会儿，避免前一位没有冲干净，仍有残留，对实验有影响。

（6）进样。注意浓度，一般是 1~5 μL，浓度低，可以稍加体积。

（7）数据分析和拷贝。

（8）高有机相 / 水相冲洗柱子，建议纯相别超 95%。

（9）保存色谱柱，80% 纯有机相冲洗 30 min 左右。

（10）关闭流动相，拆卸色谱柱，记得装上两头帽子，以免有机相挥发，损坏色谱柱。

（11）关机，写好仪器使用记录。

2. 流动相选择注意事项

（1）溶剂要有一定的化学稳定性，不与固定相和样品组分起反应。

（2）溶剂应与检测器匹配，不影响检测器正常工作。

（3）溶剂对样品要有足够的溶解能力，以提高检测灵敏度。

（4）溶剂的黏度要小，保证合适的柱压降。

（5）溶剂的沸点低，有利于制备色谱的样品回收。

任务解析

本次检测依据 GB/T 5750.8—2023《生活饮用水标准检验方法　有机物指标》，本标准规定了用高压液相色谱法测定生活饮用水及其水源水中的苯并［*a*］芘。本法适用于生活饮用水及其水源水中苯并［*a*］芘的测定。

1. 最低检测质量液度

本方法最低检测质量为 0.07 ng，若取 500 mL 水样测定，本法最低检测质量浓度为 1.4 ng/L。

2. 原理

水中苯并［*a*］芘及其他芳烃能被环己烷萃取，萃取液经活性氧化铝吸附净化，以苯洗脱、浓缩后，可用液相色谱荧光检测器定量。

3. 试剂或材料

所用试剂和材料应进行空白试验，即通过全部操作过程，证明无干扰物质存在。所有试剂使用前均应采用 0.45 μm 过滤膜过滤。

超纯水：电阻率大于 18.0 MΩ · cm。

活性氧化铝：取 250 g 100 目 ~200 目层析用中性氧化铝（Al_2O_3）于 140 ℃活化 4 h，冷却后装瓶，储于干燥器内，备用。

盐酸溶液（1+19）：取 5 mL 盐酸（ρ_{20}=1.19 g/mL），加至 95 mL 纯水中，混匀。

玻璃棉：用盐酸溶液（1+19）浸泡过夜，然后用纯水洗至中性。用氢氧化钠溶液浸泡过夜，再以纯水洗至中性，于 105 ℃烘干备用。

甲醇（CH_3OH）：色谱纯。

活性炭：取 50 g（20 目 ~40 目）活性炭，用盐酸溶液（1+19）浸泡过夜，用纯水洗至中性，于 105 ℃烘干。再用环己烷浸泡过夜，滤干后在氮气流下于 400 ℃活化 4 h，冷后储于磨口瓶中备用。

环己烷：通过活性炭层析柱后重蒸馏，取此环己烷 70 mL 浓缩至 1.0 mL，浓缩液应测不出苯并［*a*］芘的存在，方可使用。

无水硫酸钠：400 ℃烘烤 4 h，冷却后储于磨口瓶中备用。

氢氧化钠溶液：称取 5 g 氢氧化钠（NaOH），用纯水溶解，并稀释至 100 mL。

苯：重蒸馏。

4. 仪器设备

高效液相色谱仪：具有荧光检测器。

色谱柱：色谱柱类型为不锈钢柱，长 150 mm，内径 3.9 mm；填充物为 SpHerisorb C_{18}（5 μm）；或其他等效色谱柱。

微量注射器：25 μL，针头锥度为 90 度。

分液漏斗：1 000 mL。

KD 浓缩器。

层析柱：玻璃柱，内径 5 mm，长 10 cm。

5. 样品

（1）水样的稳定性

苯并［*a*］芘在水中不稳定，易分解。

（2）水样采集及保存

在采样点采取水样时，水样应完全注满，不留空气。采集水源水水样时，应将水样瓶（棕色瓶）浸入水面下再进行采样，以防表层水的污染。采集自来水水样时，应在水龙头消毒之前采集，并在每升水样中加入 0.5 mL 硫代硫酸钠溶液（100 g/L）并混匀，以除去余氯。试样应放置暗处并尽快在采样后 24 h 内进行萃取。萃取液在冰箱内可保存 1 周。

（3）水样的预处理（需在暗室内，有微弱黄光下操作）

①水样的萃取：取 500 mL 均匀水样置于 1 000 mL 分液漏斗中，用 70 mL 环己烷分三次萃取（30 mL，20 mL 和 20 mL），每次振摇 5 min，注意放气。放置 15 min，分出环己烷萃取液，合并三次萃取液于 250 mL 具塞锥形瓶中，加入 5~10 g 无水硫酸钠脱水。

②萃取液的净化操作如下：

a. 装活性氧化铝柱：将活性氧化铝在不断振动下装入层析柱内，柱底部装有少许处理过的玻璃棉，活性氧化铝的高度为5~7 cm，上面再装1~2 cm高的无水硫酸钠，用少量环已烷润湿，不应有气泡。

b. 柱层析：将（1）中的环已烷萃取液注入活性氧化铝柱上，锥形瓶中残存的无水硫酸钠用20 mL环已烷分次洗涤，洗涤液过柱。用10 mL苯洗氧化铝柱，收集苯洗脱液。

③水样浓缩：将苯洗脱液置KD浓缩器内，于60~70 ℃水浴中减压浓缩至0.1 mL。

6. 试验步骤

（1）仪器参考操作

柱温：30 ℃。

流动相：甲醇 + 纯水（9+1）。

流量：2 mL/min。

荧光检测器：Ex=303 nm，Em=425 nm。

（2）定量分析

取10 μL水样浓缩液注入色谱仪，测量峰高。从标准曲线上查出水样苯并［*a*］芘的含量。

7. 试验数据处理

按下面公式计算水样中苯并［*a*］芘的质量浓度：

$$\rho[\mathrm{B}[a]\mathrm{P}] = \frac{\rho_1 \times V_1 \times 1\,000}{V}$$

式中：$\rho[\mathrm{B}[a]\mathrm{P}]$ ——水样中苯并［*a*］芘的质量浓度，单位为纳克每升（ng/L）；

ρ_1 ——相当于标准曲线标准的苯并［*a*］芘质量浓度，单位为纳克每毫升（ng/mL）；

V_1 ——萃取液浓缩后的体积，单位为毫升（mL）；

V ——水样体积，单位为毫升（mL）。

8. 精密度和准确度

4个实验室重复测定加标水样，分别计算低浓度平均回收率、相对标准偏差、高浓度平均回收率及相对标准偏差。

以上就是未知水样中苯并［*a*］芘含量的测定。

进行决策

引导问题1. 常用的样品预处理方法有哪些?

引导问题 2. 在未知水样中苯并［*a*］芘含量的测定中，我们该如何进行未知水样预处理？

引导问题 3. 怎样计算未知水样中苯并［*a*］芘的含量？

引导问题 4. 查阅相关资料，明晰水样采集及处理方法。

水样采集	
水样处理方法	

引导问题 5. 归纳总结，整理出高效液相色谱法测定苯并［*a*］芘含量的分析步骤。

引导问题 6. 根据国家标准，请在表中填写用高效液相色谱法测定未知水样中苯并［*a*］芘含量的测定数据。

位置样品序号	峰面积 / 峰高	浓度
1		
2		
3		

引导问题 7. 依据 GB/T 5750.8—2023《生活饮用水标准检验方法　有机物指标》，完成下表。

<table>
<tr><td>项目名称</td><td colspan="2">高效液相色谱法测定水中苯并［a］芘含量</td><td colspan="2">项目依据或标准来源</td><td></td></tr>
<tr><td>任务名称</td><td colspan="5">未知水样中苯并［a］芘含量的测定</td></tr>
<tr><td colspan="6">完成情况</td></tr>
<tr><td colspan="6"></td></tr>
<tr><td>说明</td><td colspan="5"></td></tr>
<tr><td>接单时间</td><td></td><td>完成时间</td><td></td><td>接单人</td><td></td></tr>
</table>

任务实施

1. 填写下表完成试剂准备。

试剂				
编号	名称	级别	数量	配制方法
备注				

2. 进行未知水样中苯并［*a*］芘含量的检测，填写下表。

记录编号										
样品名称					样品编号					
检测项目					检测日期					
检测依据					判定依据					
温度					相对湿度					
检验设备（标准物质）及编号										
工作曲线	顺序号	1	2	3	4	5	6	7	8	
	浓度									
	峰面积									
	回归方程									
	相关系数									
计算公式										
实验步骤										
检验人					复核人					

3. 请在下方空白处进行标准曲线及样品作图。

4. 由标准曲线及样品作图，填写下表。

<table>
<tr><td rowspan="13">检测结果</td><td>样品名称及编号</td><td>取样量</td><td>体积</td><td>峰面积</td><td>测定值</td><td>平均值</td></tr>
<tr><td rowspan="2"></td><td></td><td></td><td></td><td></td><td rowspan="2"></td></tr>
<tr><td></td><td></td><td></td><td></td></tr>
<tr><td rowspan="2"></td><td></td><td></td><td></td><td></td><td rowspan="2"></td></tr>
<tr><td></td><td></td><td></td><td></td></tr>
<tr><td rowspan="2"></td><td></td><td></td><td></td><td></td><td rowspan="2"></td></tr>
<tr><td></td><td></td><td></td><td></td></tr>
<tr><td rowspan="2"></td><td></td><td></td><td></td><td></td><td rowspan="2"></td></tr>
<tr><td></td><td></td><td></td><td></td></tr>
<tr><td rowspan="2"></td><td></td><td></td><td></td><td></td><td rowspan="2"></td></tr>
<tr><td></td><td></td><td></td><td></td></tr>
<tr><td rowspan="2">质控样</td><td></td><td></td><td></td><td></td><td rowspan="2"></td></tr>
<tr><td></td><td></td><td></td><td></td></tr>
<tr><td colspan="2">备注</td><td colspan="5"></td></tr>
</table>

评价反馈

1. 学习总结（收获、感受、注意事项）

2. 学习评价

<table>
<tr><td rowspan="2">评价指标</td><td rowspan="2">评价要点</td><td colspan="2">等级评定</td></tr>
<tr><td>自评</td><td>教师评价</td></tr>
<tr><td>依据标准配制相关溶液</td><td>规范配制流动相
苯并［a］芘标准系列溶液
规范处理样品</td><td></td><td></td></tr>
<tr><td>高效液相色谱法测定未知水样峰面积</td><td>会连接高效色谱仪各部件的电源线、数据线和输液管道
会使用高效液相色谱法测定未知水样峰面积
说出校准曲线定量依据
能说出影响高效液相色谱法测定溶液离子浓度准确度的因素</td><td></td><td></td></tr>
<tr><td>填写原始记录表</td><td>正确填写原始记录表</td><td></td><td></td></tr>
<tr><td>任务反思</td><td>未知水样测定过程中，出现哪些故障
能否对简单的故障进行判断
能否解决</td><td></td><td></td></tr>
<tr><td colspan="2">总成绩</td><td></td><td></td></tr>
</table>

能力拓展

高效液相色谱使用注意事项

1. 流动相必须超声抽滤：脱气、去颗粒杂质后才可以上机，尘埃或其他任何杂质微粒都会磨损柱塞、密封环、缸体和单向阀。特别是缓冲盐或者是水相和有机相混合的流动相必须做这一步，两者的微小气泡都很多，需要一定时间的超声才可以。

2. 不要忽视溶剂瓶里的过滤头，很重要，其作用是防止溶液瓶中的颗粒杂质进入仪器的流路系统中，它的材质通常分为玻璃烧结石英和不锈钢，如果不慎堵塞会造成流动相吸液不畅，管路里会形成大量气泡，因此必须进行清洗，玻璃材质的通常是用稀硝酸泡，而不锈钢材质的可以直接进行超声清洗。

3. 时刻保证洗泵液和洗针液的充足，即使样品再多，也不能减少每天洗泵和洗针的时间。千万不要一分析完冲几分钟后就停泵，特别是当流动相中含有难挥发的缓冲液时。如果仪器不是连续使用，当流动相蒸发时，难挥发物就会粘在活塞密封垫的表面，难挥发物将形成固形物沉淀。现在的自动进样器设置操作都很简单，设置好之后会自动洗针，如果时间允许（特别是利用夜间运行），每次分析完后设置进 1、2 针纯溶剂（如甲醇、乙腈），也是一个好做法。

4. 缓冲盐流动相需现配现用，放置时间长了会滋生细菌微生物，产生絮状毛毛，这些毛毛会长期累积堵塞过滤头，甚至通过滤头进入真空泵中，最终导致整个液相管路都是毛毛，那维修的费用就不可想象了。所以得从源头消除隐患，不能嫌麻烦。

5. 色谱柱的使用。

（1）进样之后必须冲洗。对柱子的污染会随着时间的加长而累积。通常表现是：运行走基线时在记录的色谱图中基线噪音增加，泵压也增加。解决这个问题的最有效方法就是在每一批样品分析结束后或准备卸下柱子时用大量的流动相冲洗柱子（例如，甲醇、乙腈和水）。用梯度冲洗效果更好，具体的比例要根据柱子的说明书和性质而定，但重点是用大比例水相将色谱柱的缓冲盐完全冲洗干净，避免之后盐析出破坏色谱柱结构。

（2）避免流速太快。应当避免压力和温度的突然变化，还应避免大的震动损伤固定相。温度的突然变化或者使色谱柱从高处掉下都会影响柱内的填充状况；柱压的突然升高或降低也会冲动柱内填料，因此在调节流速时应该缓慢进行，在进样时阀的转动不能过缓。

（3）反冲色谱柱。之前很多实验室喜欢反冲，而且也有一定的效果。但是一般来说色谱柱不能反冲，只有生产者指明该柱可以反冲时，才可以反冲除去留在柱头的杂质。否则反冲会迅速降低柱效。

（4）预柱和保护柱。预柱和保护柱的使用可大大增长色谱柱的使用寿命。选择使用适宜的流动相（尤其是 pH），以避免固定相被破坏。有时可以在进样器前面连接一预柱，分析柱是键合硅胶时，预柱为硅胶，可使流动相在进入分析柱之前预先被硅胶“饱和”，避免分析柱中的硅胶基质被溶解。避免将基质复杂的样品尤其是生物样品直接注入柱内，需要对样品进行预处理或者在进样器和色谱柱之间连接一保护柱。保护柱一般是填有相似固定相的短柱。保护柱可以而且应该经常更换。

以可持续发展为核心理念，结合创新、协调、绿色、开放、共享的新发展理念，与时俱进应用现代仪器分析中的新理论、新工艺、新技术，树立专业与自然和谐共生的意识，实践绿水青山理念。

实训报告

实训报告 1　紫外-可见分光光度法测定水中总磷的含量

一、目的要求

二、基本原理

三、仪器与试剂

1. 仪器：

2. 试剂：

四、实验步骤

五、实验记录

六、数据处理及计算结果

七、思考题

评价项目	实验出勤	预习报告	实验态度	实验操作	实验结果	书写报告	操作规范	总成绩
分值	10	5	20	15	30	10	10	
得分								

实训结束，指导教师签名确认数据（否则无效）__________

实训报告 2　原子吸收分光光度法测定水中铜离子含量

一、目的要求

二、基本原理

三、仪器与试剂

1. 仪器：

2. 试剂：

四、实验步骤

五、实验记录

六、数据处理及计算结果

七、思考题

评价项目	实验出勤	预习报告	实验态度	实验操作	实验结果	书写报告	操作规范	总成绩
分值	10	5	20	15	30	10	10	
得分								

实训结束，指导教师签名确认数据（否则无效）__________

实训报告 3　电位分析法测定水中氟离子含量

一、目的要求

二、基本原理

三、仪器与试剂

1. 仪器：

2. 试剂：

四、实验步骤

五、实验记录

六、数据处理及计算结果

七、思考题

评价项目	实验出勤	预习报告	实验态度	实验操作	实验结果	书写报告	操作规范	总成绩
分值	10	5	20	15	30	10	10	
得分								

实训结束，指导教师签名确认数据（否则无效）___________

实训报告 4　气相色谱法测定工业乙酸乙酯的含量

一、目的要求

二、基本原理

三、仪器与试剂

1. 仪器：

2. 试剂：

四、实验步骤

五、实验记录

六、数据处理及计算结果

七、思考题

评价项目	实验出勤	预习报告	实验态度	实验操作	实验结果	书写报告	操作规范	总成绩
分值	10	5	20	15	30	10	10	
得分								

实训结束，指导教师签名确认数据（否则无效）__________

实训报告5　高效液相色谱法测定水中苯并［a］芘的含量

一、目的要求

二、基本原理

三、仪器与试剂

1. 仪器：

2. 试剂：

四、实验步骤

五、实验记录

六、数据处理及计算结果

七、思考题

评价项目	实验出勤	预习报告	实验态度	实验操作	实验结果	书写报告	操作规范	总成绩
分值	10	5	20	15	30	10	10	
得分								

实训结束，指导教师签名确认数据（否则无效）__________

附录 1　不同温度下溶液对应的 pH

温度 ℃	质量摩尔浓度					
	0.05 mol/kg 四草酸氢钾	25 ℃饱和酒石酸氢钾	0.05 mol/kg 邻苯二钾酸氢钾	0.025 mol/kg 混合磷酸盐	0.01 mol/kg 四硼酸钠	25 ℃饱和氢氧化钙
	pH 值					
	pHB_1	pHB_3	pHB_4	pHB_6	pHB_9	pHB_{12}
0	1.668	——	4.006	6.981	9.458	13.416
5	1.669	——	3.999	6.949	9.391	13.210
10	1.671	——	3.996	6.921	9.330	13.011
15	1.673	——	3.996	6.898	9.276	12.820
20	1.676	——	3.998	6.879	9.226	12.637
25	1.680	3.559	4.003	6.864	9.182	12.460
30	1.684	3.551	4.010	6.852	9.142	12.292
35	1.688	3.547	4.019	6.844	9.105	12.130
40	1.694	3.547	4.029	6.838	9.072	11.975
45	1.700	3.550	4.042	6.834	9.042	11.828
50	1.706	3.555	4.055	6.833	9.015	11.697
55	1.713	3.563	4.070	6.834	8.990	11.553
60	1.721	3.573	4.087	6.837	8.968	11.426
65	1.739	3.596	4.122	6.847	8.926	——
70	1.759	3.622	4.161	6.862	8.890	——
75	1.782	3.648	4.203	6.881	8.856	——
80	1.795	3.660	4.224	6.891	8.839	——
85	1.668	3.559	4.006	6.981	9.458	——
90	1.669	3.551	3.999	6.949	9.391	——
95	1.671	3.547	3.996	6.921	9.330	——

附录2 标准电极电位表

半反应	E^0（V）	半反应	E^0（V）
F_2（气）$+2H^+ + 2e = 2HF$	3.06	$BiO^+ + 2H^+ + 3e = Bi + H_2O$	0.32
$O_3 + 2H^+ + 2e = O_2 + H_2O$	2.07	Hg_2Cl_2（固）$+ 2e = 2Hg + 2Cl^-$	0.267 6
$S_2O_8^{2-} + 2e = 2SO_4^{2-}$	2.01	$HAsO_2 + 3H^+ + 3e = As + 2H_2O$	0.248
$H_2O_2 + 2H^+ + 2e = 2H_2O$	1.77	$AgCl$（固）$+ e = Ag + Cl^-$	0.222 3
$MnO_4^- + 4H^+ + 3e = MnO_2$（固）$+ 2H_2O$	1.695	$SbO^+ + 2H^+ + 3e = Sb + H_2O$	0.212
PbO_2（固）$+ SO_4^{2-} + 4H^+ + 2e = PbSO_4$（固）$+ 2H_2O$	1.685	$SO_4^{2-} + 4H^+ + 2e = SO_2$（水）$+ 2H_2O$	0.17
$HClO_2 + 2H^+ + 2e = HClO + H_2O$	1.64	$Cu^{2+} + e = Cu^+$	0.519
$HClO + H^+ + e = 1/2\ Cl_2 + H_2O$	1.63	$Sn^{4+} + 2e = Sn^{2+}$	0.154
$Ce^{4+} + e = Ce^{3+}$	1.61	$S + 2H^+ + 2e = H_2S$（气）	0.141
$H_5IO_6 + H^+ + 2e = IO_3^- + 3H_2O$	1.6	$Hg_2Br_2 + 2e = 2Hg + 2Br^-$	0.139 5
$HBrO + H^+ + e = 1/2\ Br_2 + H_2O$	1.59	$TiO^{2+} + 2H^+ + e = Ti^{3+} + H_2O$	0.1
$BrO_3^- + 6H^+ + 5e = 1/2\ Br_2 + 3H_2O$	1.52	$S_4O_6^{2-} + 2e = 2S_2O_3^{2-}$	0.08
$MnO_4^- + 8H^+ + 5e = Mn^{2+} + 4H_2O$	1.51	$AgBr$（固）$+ e = Ag + Br^-$	0.071
Au（III）$+ 3e = Au$	1.5	$2H^+ + 2e = H_2$	0
$HClO + H^+ + 2e = Cl^- + H_2O$	1.49	$O_2 + H_2O + 2e = HO_2^- + OH^-$	-0.067
$ClO_3^- + 6H^+ + 5e = 1/2\ Cl_2 + 3H_2O$	1.47	$TiOCl^+ + 2H^+ + 3Cl^- + e = TiCl_4^- + H_2O$	-0.09
PbO_2（固）$+ 4H^+ + 2e = Pb^{2+} + 2H_2O$	1.455	$Pb^{2+} + 2e = Pb$	-0.126
$HIO + H^+ + e = 1/2\ I_2 + H_2O$	1.45	$Sn^{2+} + 2e = Sn$	-0.136
$ClO_3^- + 6H^+ + 6e = Cl^- + 3H_2O$	1.45	AgI（固）$+ e = Ag + I^-$	-0.152
$BrO_3^- + 6H^+ + 6e = Br^- + 3H_2O$	1.44	$Ni^{2+} + 2e = Ni$	-0.246
Au（III）$+ 2e =$ Au（I）	1.41	$H_3PO_4 + 2H^+ + 2e = H_3PO_3 + H_2O$	-0.276
Cl_2（气）$+ 2e = 2Cl$	1.359 5	$Co^{2+} + 2e = Co$	-0.277
$ClO_4^- + 8H^+ + 7e = 1/2\ Cl_2 + 4H_2O$	1.34	$Tl^+ + e = Tl$	-0.336
$Cr_2O_7^{2-} + 14H^+ + 6e = 2Cr^{3+} + 7H_2O$	1.33	$In^{3+} + 3e = In$	-0.345
MnO_2（固）$+ 4H^+ + 2e = Mn^{2+} + 2H_2O$	1.23	$PbSO_4$（固）$+ 2e = Pb + SO_4^{2-}$	0.355 3
O_2（气）$+ 4H^+ + 4e = 2H_2O$	1.229	$SeO_3^{2-} + 3H_2O + 4e = Se + 6OH^-$	-0.366
$IO_3^- + 6H^+ + 5e = 1/2\ I_2 + 3H_2O$	1.2	$As + 3H^+ + 3e = AsH_3$	-0.38
$ClO_4^- + 2H^+ + 2e = ClO_3^- + H_2O$	1.19	$Se + 2H^+ + 2e = H_2Se$	-0.4
Br_2（水）$+ 2e = 2Br^-$	1.087	$Cd^{2+} + 2e = Cd$	-0.403
$NO_2 + H^+ + e = HNO_2$	1.07	$Cr^{3+} + e = Cr^{2+}$	-0.41
$Br_3^- + 2e = 3Br^-$	1.05	$Fe^{2+} + 2e = Fe$	-0.44
$HNO_2 + H^+ + e = NO$（气）$+ H_2O$	1	$S + 2e = S^{2-}$	-0.48
$VO_2^+ + 2H^+ + e = VO^{2+} + H_2O$	1	$2CO_2 + 2H^+ + 2e = H_2C_2O_4$	-0.49
$HIO + H^+ + 2e = I^- + H_2O$	0.99	$H_3PO_3 + 2H^+ + 2e = H_3PO_2 + H_2O$	-0.5

续表

半反应	E^0（V）	半反应	E^0（V）
$NO_3^- + 3H^+ + 2e = HNO_2 + H_2O$	0.94	$Sb + 3H^+ + 3e = SbH_3$	−0.51
$ClO^- + H_2O + 2e = Cl^- + 2OH^-$	0.89	$HPbO_2^- + H_2O + 2e = Pb + 3OH^-$	−0.54
$H_2O_2 + 2e = 2OH^-$	0.88	$Ga^{3+} + 3e = Ga$	−0.56
$Cu^{2+} + I^- + e = CuI$（固）	0.86	$TeO_3^{2-} + 3H_2O + 4e = Te + 6OH^-$	−0.57
$Hg^{2+} + 2e = Hg$	0.845	$2SO_3^{2-} + 3H_2O + 4e = S_2O_3^{2-} + 6OH^-$	−0.58
$NO_3^- + 2H^+ + e = NO_2 + H_2O$	0.8	$SO_3^{2-} + 3H_2O + 4e = S + 6OH^-$	−0.66
$Ag^+ + e = Ag$	0.799 5	$AsO_4^{3-} + 2H_2O + 2e = AsO_2^- + 4OH^-$	−0.67
$Hg_2^{2+} + 2e = 2Hg$	0.793	Ag_2S（固）$+ 2e = 2Ag + S^{2-}$	−0.69
$Fe^{3+} + e = Fe^{2+}$	0.771	$Zn^{2+} + 2e = Zn$	−0.763
$BrO^- + H_2O + 2e = Br^- + 2OH^-$	0.76	$2H_2O + 2e = H_2 + 2OH^-$	−8.28
O_2（气）$+ 2H^+ + 2e = H_2O_2$	0.682	$Cr^{2+} + 2e = Cr$	−0.91
$AsO_8^- + 2H_2O + 3e = As + 4OH^-$	0.68	$HSnO_2^- + H_2O + 2e = Sn^- + 3OH^-$	−0.91
$2HgCl_2 + 2e = Hg_2Cl_2$（固）$+ 2Cl^-$	0.63	$Se + 2e = Se^{2-}$	−0.92
Hg_2SO_4（固）$+ 2e = 2Hg + SO_4^{2-}$	0.615 1	$Sn(OH)_6^{2-} + 2e = HSnO_2^- + H_2O + 3OH^-$	−0.93
$MnO_4^- + 2H_2O + 3e = MnO_2 + 4OH^-$	0.588	$CNO^- + H_2O + 2e = CN^- + 2OH^-$	−0.97
$MnO_4^- + e = MnO_4^{2-}$	0.564	$Mn^{2+} + 2e = Mn$	−1.182
$H_3AsO_4 + 2H^+ + 2e = HAsO_2 + 2H_2O$	0.559	$ZnO_2^{2-} + 2H_2O + 2e = Zn + 4OH^-$	−1.216
$I_3^- + 2e = 3I^-$	0.545	$Al^{3+} + 3e = Al$	−1.66
I_2（固）$+ 2e = 2I^-$	0.534 5	$H_2AlO_3^- + H_2O + 3e = Al + 4OH^-$	−2.35
Mo（VI）+ e = Mo（V）	0.53	$Mg^{2+} + 2e = Mg$	−2.37
$Cu^+ + e = Cu$	0.52	$Na^+ + e = Na$	−2.71
$4SO_2$（水）$+ 4H^+ + 6e = S_4O_6^{2-} + 2H_2O$	0.51	$Ca^{2+} + 2e = Ca$	−2.87
$HgCl_4^{2-} + 2e = Hg + 4Cl^-$	0.48	$Sr^{2+} + 2e = Sr$	−2.89
$2SO_2$（水）$+ 2H^+ + 4e = S_2O_3^{2-} + H_2O$	0.4	$Ba^{2+} + 2e = Ba$	−2.9
$Fe(CN)_6^{3-} + e = Fe(CN)_6^{4-}$	0.36	$K^+ + e = K$	−2.925
$Cu^{2+} + 2e = Cu$	0.337	$Li^+ + e = Li$	−3.042
$VO^{2+} + 2H^+ + 2e = V^{3+} + H_2O$	0.337		

参考答案

项目一答案二维码

项目二答案二维码

项目三答案二维码

项目四答案二维码

项目五答案二维码

参考文献

1. 陈兴利 . 仪器分析技术［M］. 北京：化学工业出版社，2016.

2. 于晓萍 . 仪器分析［M］. 北京：化学工业出版社，2022.

3. 信维平，苯并芘的致癌性及快速检测［J］. 研究与试验 . 2000，188（2）：16–17.

4.Michaela M，Vera K，Dagmar A.Analysis of Benzo pyrene metabolites Formed by Rat Hepatic Microsomes using High Pressure Liquid ChromatograpHy：Optimization of the Method［J］. Interdisc Toxicol，2009，2（4）：239–244.

5. 王海娇，王娜，汪寅夫，等 . 高效液相色谱法分析地下水和饮用水中苯并［*a*］芘［J］. 岩矿测试，2010，29（5）：625–627.

6. 陈兆文 . 饮用水中苯并［*a*］芘的毛细管气相色谱分析［J］，环境化学，1995，14（2）：151–155.

7. 郑海涛，刘菲，刘永刚 . 固相萃取-气相色谱法测定水中多环芳烃［J］. 岩矿测试，2004，23（2）：148–152.

8. 陈慧，黄要红，蔡铁云 . 固相萃取-气相色谱 / 质谱法测定水中多环芳烃［J］. 环境污染与防治，2004，26（1）：72–74.

9. 王浩，刘艳琴，杨红梅，等 . 高效液相色谱法测定粮食中苯并［*a*］芘残留的研究［J］. 粮油食品科技，2007，15（1）：53–54.

10. 李春玉，石利利，单正军，等 . 土壤中苯并［*a*］芘和二苯并［*a*，*h*］蒽的快速测定及其降解特性研究［J］. 环境污染与防治，2008，30（9）：43.

11. 程春梅，董刘敏，彭进 . 超高效液相色谱法检测食用油中的苯并［*a*］芘［J］. 中国油脂，2011，36（2）：77–78.

参考文献

[illegible]. 仪器分析技术[M]. 北京：化学工业出版社，2016.

2. [illegible]. 仪器分析[M]. 北京：化学工业出版社，[illegible].

3. [illegible]. 羊奶[illegible]检测[J]. [illegible]，[illegible]（[illegible]）：16-[illegible].

4.Michaela M，Vera K，Dagmar A. Analysis of [illegible] metabolites Formed by Rat Hepatic Microsomes using High Pressure Liquid Chromatography：Optimization of the Method [J]. Interdisc Toxicol，[illegible]（[illegible]）：[illegible].

5. [illegible]

[illegible]，[illegible]（[illegible]）：[illegible].

6. [illegible]，[illegible]气相色谱分析[J]. [illegible]，199[illegible]，14（2）：151-155.

7. [illegible]，[illegible]，[illegible]. [illegible]

[illegible]，23（[illegible]）：148-15[illegible].

8. [illegible]

[illegible]，10（[illegible]）：[illegible].

9. [illegible]，[illegible]，等. [illegible]

[illegible]，2007，1[illegible]（11）：[illegible].

10. [illegible]，等. [illegible]

[illegible]研究[J]. [illegible]，2008，30（9）：43.

11. [illegible]. 超高效液相色谱法检测食用油中的苯并[a]芘[J]. 中国油脂，2011，36（2）：77-78.